JN087835

ミライをつくろう！

VRで紡ぐバーチャル創世記

GOROman［著］

本書内容に関するお問い合わせについて

このたびは翔泳社の書籍をお買い上げいただき、誠にありがとうございます。弊社では、読者の皆様からのお問い合わせに適切に対応させていただくため、以下のガイドラインへのご協力をお願い致しております。下記項目をお読みいただき、手順に従ってお問い合わせください。

●ご質問される前に

弊社Webサイトの「正誤表」をご参照ください。これまでに判明した正誤や追加情報を掲載しています。

正誤表　https://www.shoeisha.co.jp/book/errata/

●ご質問方法

弊社Webサイトの「刊行物Q&A」をご利用ください。

刊行物Q&A　https://www.shoeisha.co.jp/book/qa/

インターネットをご利用でない場合は、FAXまたは郵便にて、下記“翔泳社 愛読者サービスセンター”までお問い合わせください。
電話でのご質問は、お受けしておりません。

●回答について

回答は、ご質問いただいた手段によってご返事申し上げます。ご質問の内容によっては、回答に数日ないしはそれ以上の期間を要する場合があります。

●ご質問に際してのご注意

本書の対象を越えるもの、記述個所を特定されないもの、また読者固有の環境に起因するご質問等にはお答えできませんので、予めご了承ください。

●郵便物送付先およびFAX番号

送付先住所	〒160-0006　東京都新宿区舟町5
FAX番号	03-5362-3818
宛先	（株）翔泳社 愛読者サービスセンター

※本書に記載されたURL等は予告なく変更される場合があります。
※本書の出版にあたっては正確な記述につとめましたが、著者や出版社などのいずれも、本書の内容に対してなんらかの保証をするものではなく、内容やサンプルに基づくいかなる運用結果に関してもいっさいの責任を負いません。
※本書に記載されている会社名、製品名はそれぞれ各社の商標および登録商標です。

❶ VR空間の中でキャラクターに会えるアプリ、「Mikulus」。キャラクターがアシスタントとして、AR/VR空間内で作業を手伝ってくれるようになるかもしれない

❷ 仮想空間の中で誰でも配信できる「SHOWROOM」の中で、3DCGキャラクターになる「Anicast」を使った初のバーチャルSHOWROOMERとして誕生した「東雲めぐ」

❸「X68000」と著者。現在代表取締役社長を務める「株式会社エクシヴィ」は上位機種の「X68000 XVI」からつけられた

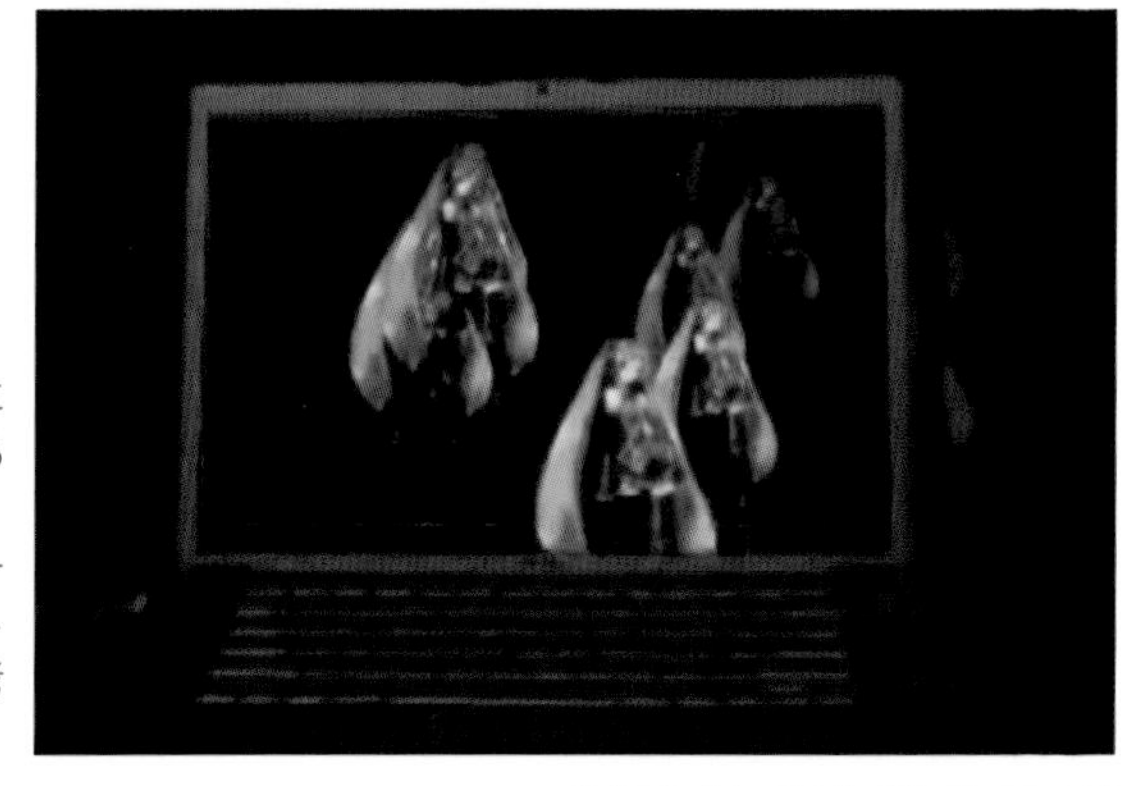

❹ 初音ミクが自身の動きに合わせて飛び出て見える様子。
ジョニー・チャン・リーが公開したポジショントラッキング映像を参考に、著者が作成した

❺「Oculus Rift DK1」の中で「Mikulus」を動かす様子。今まで画面の向こう側にいたキャラクターが、目の前にいるかのような感覚になる

❻「Anime Expo 2014」で公開された、「ソードアート・オンライン（SAO)」の世界が体験できるデモ。「Oculus Rift」によって世界観に入る感覚を味わうことができ、大好評だった

出典：「Oculus Riftで『ソードアート・オンライン』の《ナーヴギア》が味わえる公式動画が到着！
激しく動いて戦うアスナの姿を動画でチェック」
（電撃オンライン/文：広田稔、2014年7月10日公開記事より）
http://dengekionline.com/elem/000/000/879/879708/

❼ AR（オーグメンテッド・リアリティ）イメージ（マイクロソフト）

❽「VR ZONE SHINJUKU」閉館後、池袋に後継施設の「MAZARIA」がオープンした。複数人で本格的なVRアクティビティを楽しむことができる

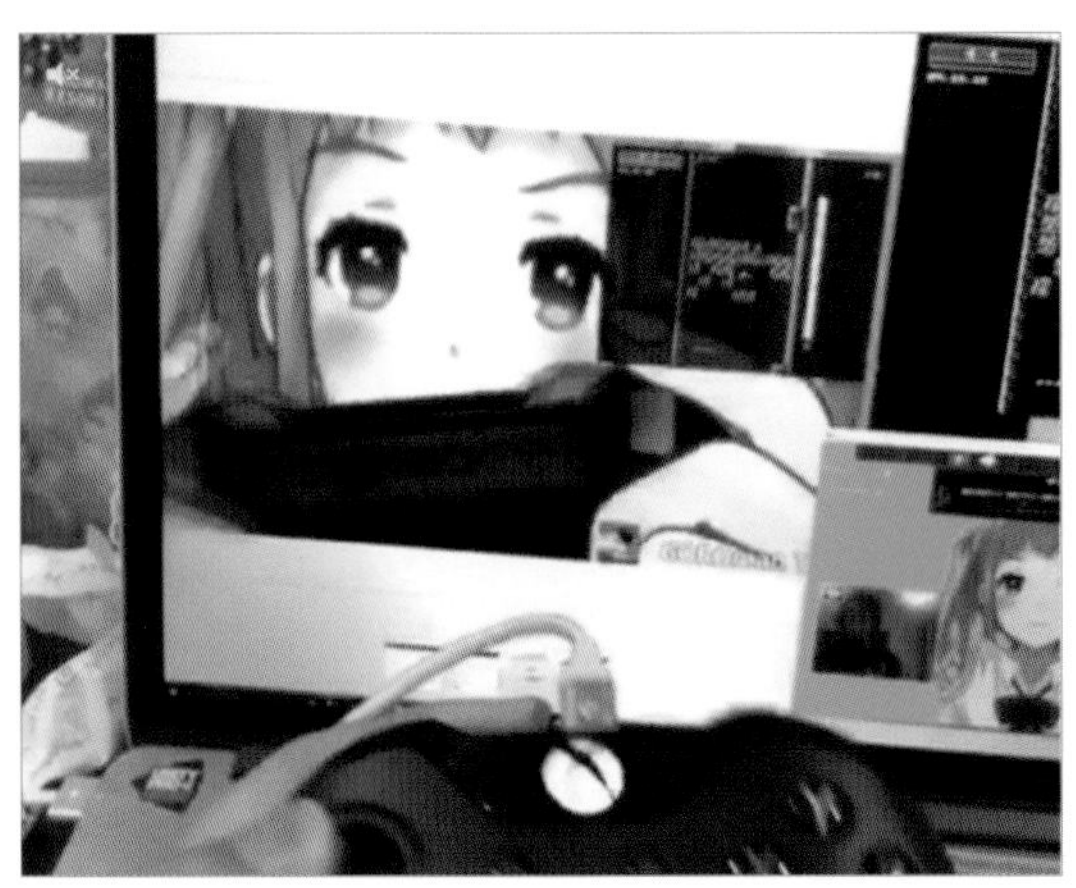

❾「FaceRig」と「Live2D」にパッドを連動させ、キャラクターに自分の動きを反映させている様子

⑩「SHOWROOM」のボタン一つで配信者にプレゼントを贈ることができるシステムで届いた、視聴者から送られてきたギフトを手にする「東雲めぐ」(上)。VRアニメ制作ツールAniCast Makerでは、VRの中でカメラマンになりアニメを実写の撮影のように制作することができるようになった(下)

キャラクターデザイン・3DCG:五十嵐拓也
チャンネル名「はぴふり!東雲めぐちゃんのお部屋」

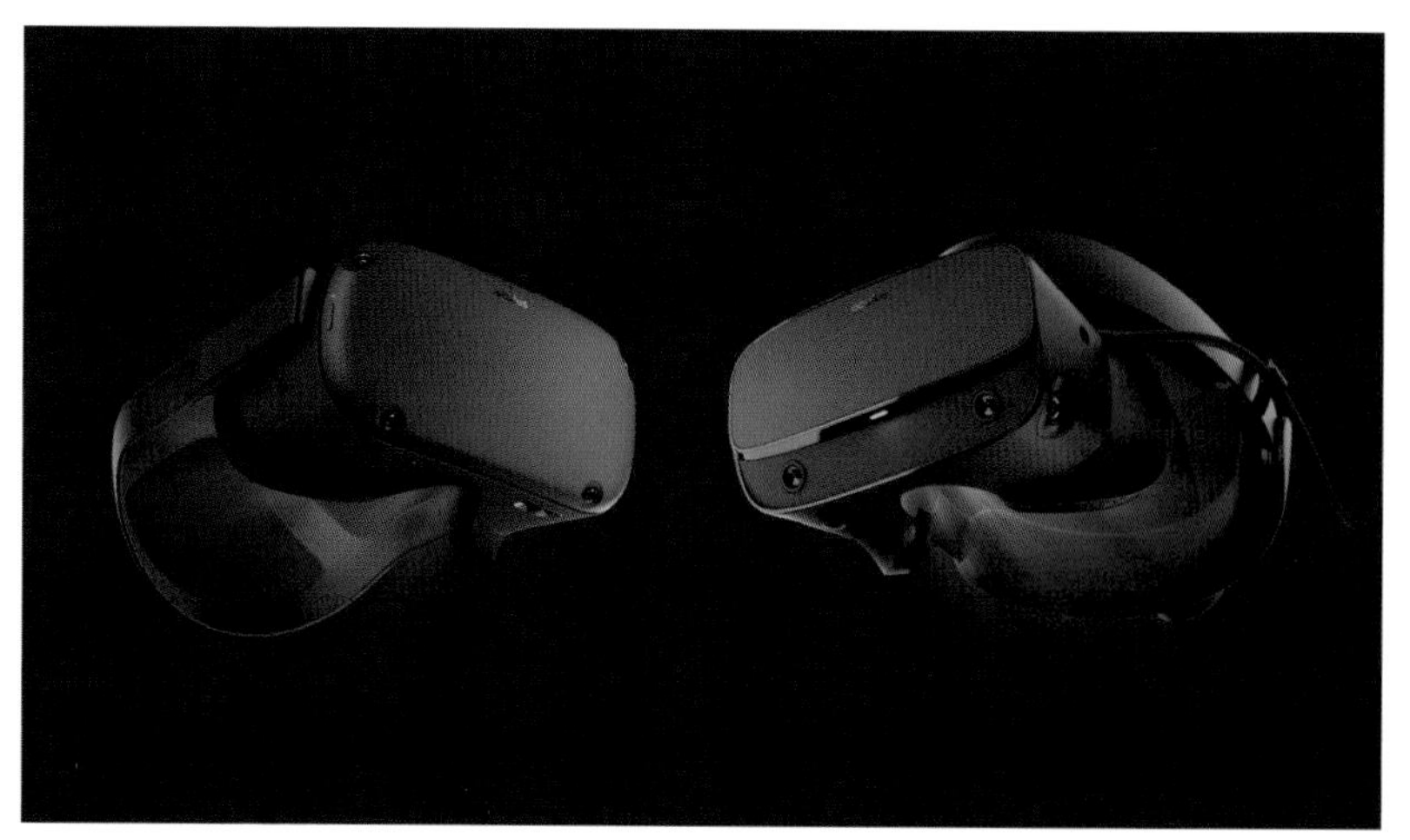

⑪ Oculus Rift S(右)と、Oculus Quest(左)(Facebook Japan)

⑫ Oculus Questのホーム画面。仮想空間にメニューが浮かんでいる。背景やメニュー画面の位置をカスタマイズして自分の使いやすいように変更できる（Facebook Japan）

⑬ Oculus Questを使用している様子。PCやケーブルを必要とせず、自由に体を動かして楽しむことができる（Facebook Japan）

⑭ Oculusストアで高い人気がある「Beat Saber」プレイ画面。
飛んでくるブロックを音楽に合わせて叩くリズムゲームで、全てのプラットフォーム累計売上本数は200万本を突破した（Facebook Japan）

改訂版のためのまえがき

この本は2018年4月に出版した『ミライのつくり方2020-2045　僕がVRに賭けるわけ』を加筆・再編集したものです。ミライ（2020年～）を予測して書いたこの本も出版から2年が経過し、ターニングポイントである2020年を迎えました。今、世界は「新型コロナウイルス」の話題で埋め尽くされています。今年開催予定だった東京オリンピック・パラリンピックは延期され、政府からは外出自粛の要請やテレワークが推奨されています。その結果、ライブイベントや展示イベント、カンファレンスの中止が相次ぎました。暗い話題も多いのですが、企業の在宅勤務・テレワーク化によってZoomやグーグルハングアウトのようなビデオ会議システムが一般化し、満員電車からの開放や、生産性の向上が見られたり、カンファレンスやイベントのバーチャル化により、遠隔地からの参加が可能になるなど新しい時代への一歩も垣間見えます。おそらく、これから音楽ライブイベントやカンファレンスはますますバーチャル化し、アバターを使ったものが増えていくでしょう。今後の生活・仕事・エンタメに大きな影響があると思います。

さて、VR（バーチャル・リアリティ）の今はどうなっているでしょうか？

ハードウェア面での大きな進歩として、米国フェイスブック社からオキュラス・クエストが発売され、手頃な価格で高品質のＶＲ体験が可能になりました。米国の家電量販店「ベストバイ」では売り切れになるほどのヒットとなっています。もし皆さんが「ＶＲ」に興味があり、体験してみたいと思ったらオキュラス・クエストを購入されるとよいと思います。公式サイトまたは日本のアマゾンから購入可能です。オキュラス・タッチと呼ばれるハンドコントローラも付属するため、手の入力も自然に認識します。数年前に「ＶＲ元年」と呼ばれた時に期待外れでガッカリしたというような方も、このオキュラス・クエストはぜひ体験してほしいと思います。スタンドアローン型でハイエンドなゲーミングＰＣが無くても動作します。自信を持ってオススメできます。

ソフトウェア面では、ＶＲ市場においてリズムゲーム「Ｂｅａｔ Ｓａｂｅｒ」が２００万本を超えるヒットを記録しました。長い間キラーコンテンツ不足といわれたＶＲ市場でしたが、「Ｂｅａｔ Ｓａｂｅｒ」は間違いなくキラーコンテンツといえるでしょう。開発者のウラジミール氏（日本のアニメ好きでした）が来日した際に話すことができたのですが、最初は2名で開発をスタートしたそうです。とても夢がある話でパソコンの黎明期を思い出します。日本でもＭｙＤｅａｒｅｓｔ開発のミステリーアドベンチャーゲーム「東京クロノス」のような今までにない、ＶＲならではの和製コンテンツも出揃ってきました。ゲーム以外でも

ＶＲＣｈａｔのようなソーシャルＶＲが広がりを見せてきています。フェイスブック社もフェイスブック・ホライズンと呼ばれるソーシャルＶＲのプラットフォームを発表していますし、コミュニケーションのカタチが少しずつ変わってくるかもしれません。

その一方でＶＲ時代のＯＳ（ＶＲＯＳ）と呼ばれるものはまだ出てきてはいません。あくまで既存のウィンドウズやアンドロイド上でＶＲのアプリケーションが動いているのが現状です。空間におけるＵＩのデファクトスタンダードやＶＲＯＳが確立したタイミングで大きく世界は変わるように思います。それはかつてアップルがｉＰｈｏｎｅのフリックなどでＵＩを一新したようにＶＲ時代のＵＩが一新されるタイミングです。ＶＲ内で全ての作業が完結するようなミライです。

この本では、今後ＶＲによって人々の生活がどのように変わっていくのか？　アバター化とは何か？　について書きました。ミライの当たり前を自分なりに解釈したのですが、２０２０年になり、ますます現実味を帯びてきたと思います。それでは新しい「ミライ」の続きをぜひお読みください。

２０２０年４月　遠隔勤務中にて

はじめに

昨今、ＶＲ（バーチャルリアリティ）という言葉を多く目にするようになったと思います。おそらく多くの皆さんがＶＲという言葉でイメージするものは、頭に何か大きなデバイスをつけて映像を見るモノというイメージではないでしょうか？　しかしこの本は、そういったいわゆるヘッドマウントディスプレイ（ＨＭＤ）について書かれた本ではありません。いずれＶＲという技術そのものが空気のような存在になって、未来の人々の生活・娯楽・ビジネスその他すべてを変えてしまうだろう……ということを僕なりに予測して書いた本です。

よくＶＲに対し「こんな顔につけるものは流行らないよ」というようなネガティブな意見も耳にします。「何を見てるかわからなくてキモチワルイ！」それももっともな意見です。女性はお化粧が剥がれてしまうし、せっかくセットしたヘアスタイルもボサボサになります。僕自身、こんなデカくて重くて解像度も低いデバイスを、常時つけ続けることは想像できません。

でもそれがメガネのように小型になったり、そもそもの装着感がなくなったりしたら？

手の動きも体の動きも反映でき、現実と同じ解像度になったら？

生活必需品に代わっていったら？

コミュニケーションを変えてしまう存在になったらどうでしょうか？


少し昔の話をしましょう。

かつて携帯電話は肩掛け電話（ショルダーフォン）だった時代がありました。非常に高価で重いデバイスで、月額使用料もとても高い時代でした。数十年後の今はどうでしょうか？　女子高生がみんなｉＰｈｏｎｅのようなスマートフォンを駆使し、ＬＩＮＥでコミュニケーションしている。そんな未来は皆さん想定も想像もできなかったと思います。


誰しも人生においてターニング・ポイントと呼ばれる瞬間があると思います。言葉では説明するのが難しいのですが、脳天に「ビビビ！」と電撃が走るような直感的な感覚です。「これはミライが大きく変わるぞ！」というワクワクする感覚が生じる瞬間です。

僕は生きてきた中で数回この「ビビビ！」という感覚を味わいました。その昔、小学生だった頃にパーソナル・コンピュータに出会った時、モデムを使いネットに初めてつながった時、ＰａｌｍＰｉｌｏｔという掌サイズのコンピュータに触れた時、そしてＶＲの世界に没入した時です。

その「ビビビ！」という久々の感覚、それが僕がＶＲの可能性を信じ、自分の人生をＶＲに賭けてみようと思った理由です。コンピュータやインターネットの出現は、皆さんの仕事や生活、コミュニケーションのあり方を大きく変化させました。

例えばスマートフォンの登場でアマゾンのようなネットショッピングをどこでも行い、ＬＩＮＥのようなＳＮＳで距離を超えたコミュニケーションをとり、仕事もフェイスブックメッセンジャーでミーティングをし、データはクラウド上でやりとりを行うようになりました。そういった変化は突然やってきたのではありません。イノベイターやアーリーアダプターと呼ばれる層やギーク（技術オタク）な人たちの見えない努力が積み重なって、今に至っているのです。僕自身コンピュータは８ｂｉｔの時代、それこそ自分が幼少の頃から触れていましたし、インターネットの前のパソコン通信の時代からその変遷を辿ってきました。同じような波がＶＲについても間違いなく起きると思いました。

もし日本にインターネットが上陸していなければ、生活もビジネスも全く世界に遅れを取ってしまっていることでしょう。同じように日本にVRが来なければ世界から遅れを取ってしまうのでは？　と2013年頃に感じるようになりました。VRを根付かせたい！　そのためにはまずはVR機器そのものをどんどん日本に持って来て普及させなければならない！　そう強く思いました。そう、PalmPilotがiPhoneに代わって普及していったように……。

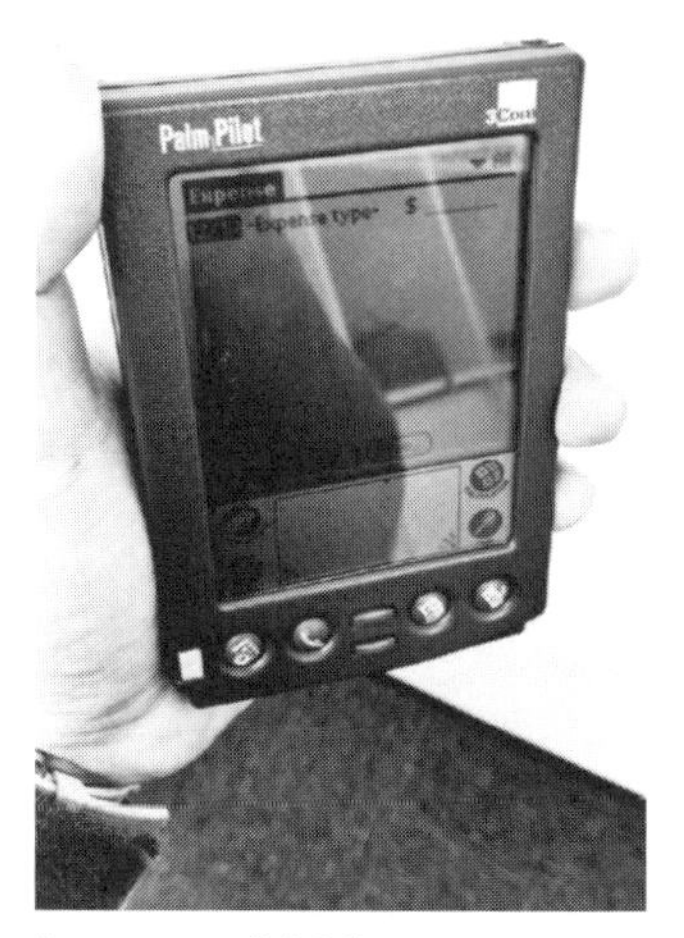

「PalmPilot」、著者私物

この本には、今回のVRブームの火付け役とも言えるデバイス「オキュラス・リフト」のプロトタイプ版を2013年にクラウドファンディングにて国内でもいち早く入手し、その可能性から国内VRコミュニティOcuFesの立ち上げや、オキュラス社の日本チーム（オキュラス・ジャパン）設立、そして今や会社も仕事もすべてVRにしてしまった僕の記録と、ここから訪れる数十年先のVRの可能性や課題、そして未来について書かれています。

例えばＶＲが一般化した世界では、このような生活の変化が訪れると思います。

・移動そのものの再定義

満員電車の通勤から解放される航空会社が倒産・合併

・コラボラティブ・コンピューティング

全く違う場所でもコラボしながら仕事ができる
ＶＲによるクリエーション（より直感的な映像・３Ｄコンテンツ開発）

・プレビュー（Pre-View）からプレ体験（Pre-Experience）へ

家やマンションのような人生で一番高額なものの購入前に事前入居体験ができる画像検索や動画検索だけでなく体験検索ができる

・タレントのデジタル化・バーチャル化

バーチャルＹｏｕＴｕｂｅｒ（ＶＴｕｂｅｒ）の進化とデジタル芸能人
バーチャルＹｏｕＴｕｂｅｒの声優デビュー

バーチャル芸能事務所の乱立と既存リアル芸能人との対立
CMの役者が個人の趣味嗜好で動的に変わる時代（ダイナミックキャスティング）
平面での作業から空間ユーザーインターフェース（SUI）へ
すべての人が秘書（アシスタント）を持つ世界

・VR／AR時代の新しいオペレーティング・システム（VROS）の登場

ここに記載した事がどんどん普通の出来事になるでしょう。さらにその先の2045年になれば人々はリアルとは別のアバターを持ち、経済圏をつくり、国家そのものも建国できてしまうかもしれません。SFのようですが、まるでスティーブン・スピルバーグの映画「レディ・プレイヤー1」のような世界が、現実味を帯びてきています。

僕は2017年に世界のVR事情を探るため、シリコンバレーをはじめ、韓国、中国の香港・深セン・上海・西安を視察しました。中国ではアリペイやWechatペイと呼ばれる仕組みがあり、気軽にスマホ決済や個人間送金が可能です。投げ銭もカジュアルに行われます。もはやバーチャルマネー化が進んでいるといってもいいでしょう。実際アリババのアリペイの中にはインスタグラムのようなソーシャル機能があり、いいねやコメント以外に投げ銭をすることができます。

また、フィンランドと電子国家であるエストニアへも訪問しています。

エストニアには電子住民（e-レジデンシー）という仕組みが国レベルであります。日本にいながらにしてインターネット上のエストニア住人になれるのです。実際に僕は手数料である130ユーロを支払いエストニアの電子住民登録をインターネットでしています。日本の不便なマイナンバーと違い、とても先進的です。エストニア電子住民であれば、インターネット上にブログを開設する感覚で会社の登記がわずか数十分で終わります。このように既に国家もバーチャル化しています。

僕はこういった新しい世界を旅し、新しいVRコミュニティに参加し、日々VRの未来を予見しています。

そして僕は今、VRの新しいプラットフォームを構築しています。

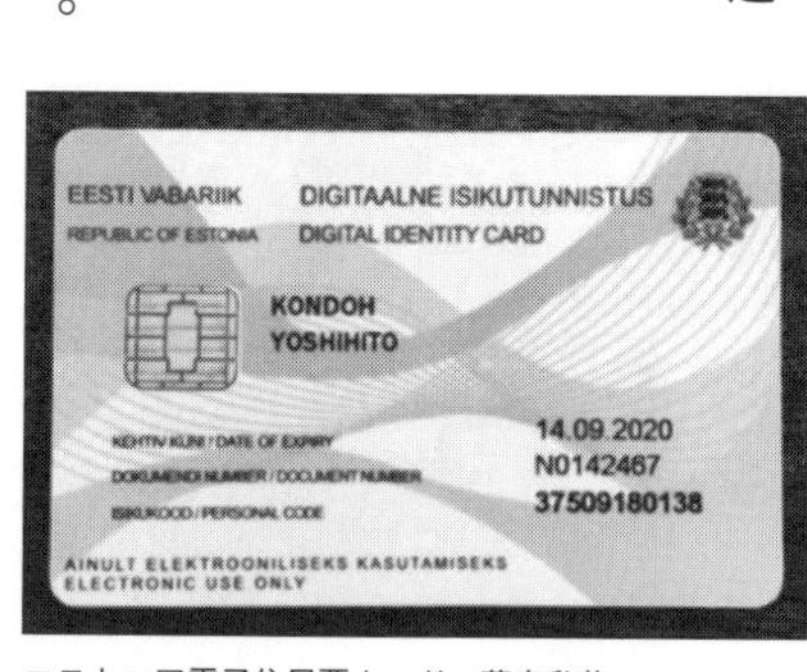

エストニア電子住民票カード、著者私物

手始めに行ったのは個人的プロジェクトのＭｉｋｕｌｕｓ（ミクラス）です（口絵①）。Ｍｉｋｕｌｕｓは VR空間でキャラクター（例えば初音ミク）に出会える体験を提供するVRアプリです。このアプリを僕はさらに拡張し、VR時代のOSのコンセプトデザインや新しいインターフェイスのプロトタイピングを行いました。

今はこのＭｉｋｕｌｕｓをマルチキャラクタープラットフォームとして事業化することを模索しているところです。これは将来のコンピューティングを大きく変える可能性があります。誰もがVR空間やAR上でパートナーを持つのです。

また、2010年に設立した僕の会社である株式会社エクシヴィ（XVI Inc.）においてもVR／ARの事業を長年行っています。そして数多くのコンテンツやVRツールを開発してきました。

特に昨今はバーチャルYouTuberVTuber（VTuber）という新しいメディアが誕生しています。2016年12月に誕生したキズナアイを皮切りに、輝夜月（かぐやるな）など多くのVTuberが参加しています。この本を書いている時点で既に700人を超えるVTub ｅｒが存在します。

とはいえ、ＶＴｕｂｅｒをビジネスで行う場合はなかなか収益化が難しいのが実情です。また初期費用もＶＴｕｂｅｒの配信を行うには、スタジオの設備やモーションキャプチャーシステムなど大掛かりなシステムが必要でした。それがＶＲ機器の低価格化により、より高精度な人体のトラッキングが可能になってきています。ＨＴＣ社のＶＩＶＥやオキュラスのオキュラス・タッチと呼ばれるデバイスです。特にＨＴＣ社はＶＩＶＥトラッカーと呼ばれるトラッキングデバイスを提供しています。

僕は、株式会社シーエスレポーターズのＡＲ／ＶＲ事業部であるＧｕｇｅｎｋａの三上プロデューサーとタッグを組み、三上さんが考案したアイデアをもとに２０１７年 月ＳＨＯＷＲＯＯＭ株式会社へバーチャルＳＨＯＷＲＯＯＭＥＲのプロトタイプの持ち込みをしました。エクシヴィのデザイナーである室橋が開発したシステムにブロードキャスティング機能を搭載し、Ａｎ・ｉＣａｓｔ（アニキャスト）と名付けました。

Ａｎ・ｉＣａｓｔはアニメを配信するブロードキャスティングの「キャスティング」と役者

配役の「キャスティング」を掛けた意味を持っています。三上さんが生み出した「東雲めぐ」というキャラクターはSHOWROOMで2018年3月1日にデビューを果たしました（口絵②）。わずか3カ月の出来事です。

今や毎日のように生配信をする東雲めぐの存在は多くのファンの皆さんに支えられ、もはやバーチャルを超え、あたかも実在しているかのように感じられます。

僕はSHOWROOMのギフティング（視聴者が配信者へ無料・有料ギフトを贈る仕組み）を見て、VR空間にギフトのオブジェクトを転送すればより深くファンとのコミュニケーションができるのではないか？　と考えました。このアイデアをSHOWROOMCTOである佐々木さんに話したところ、あっという間に盛り上がり数日後にはエクシヴィのエンジニア狩野の手によって実装されていました。「3Dバーチャルギフティング」の誕生です。

この試みは大成功しました。SHOWROOMとコラボレーションすることで、ギフティングの仕組みを使った収益化が可能になりました。

また、ＡｎｉＣａｓｔはノートパソコンとオキュラス・リフトとタッチという組み合わせで自宅から一人でも高品質なキャラクター配信ができるシステムです。初期費用やランニングコスト削減にも貢献できたと思います。

将来このＡｎｉＣａｓｔはＶＲ空間におけるアニメ作成ツールとして進化するというビジョンを持っています。ＶＲはクリエイターの創出にもつながっていくのです。

さて、「はじめに」だけで長くなってしまいましたが、なぜこうしてまで僕がＶＲに人生を賭けるのか？　その理由を説明する上で、どうしてもまず僕の原体験や幼少期からのエピソードも知っていただきたいと思います。すこし長くなりますが、お付き合いください。

〝皆さんも一緒にＶＲでワクワクするミライをつくっていきませんか？〟

VR体験の手引き

本書のFacebookページでは、様々な写真で気軽にVR体験ができます。VR機器からアクセスすると、目の前に飛び出すように見えます。PCならマウスで触ることで、スマートフォンなら画面を動かすことで3D体験ができる仕組みになっています。VR機器やPC、スマートフォンをお持ちの方はぜひアクセスしてみてください。

アクセスはこちらから

https://www.facebook.com/miraiwotsukurou/

目次 Contents

第2章 日本にVRを！

第3章 すべてを支配する「キモズム」理論

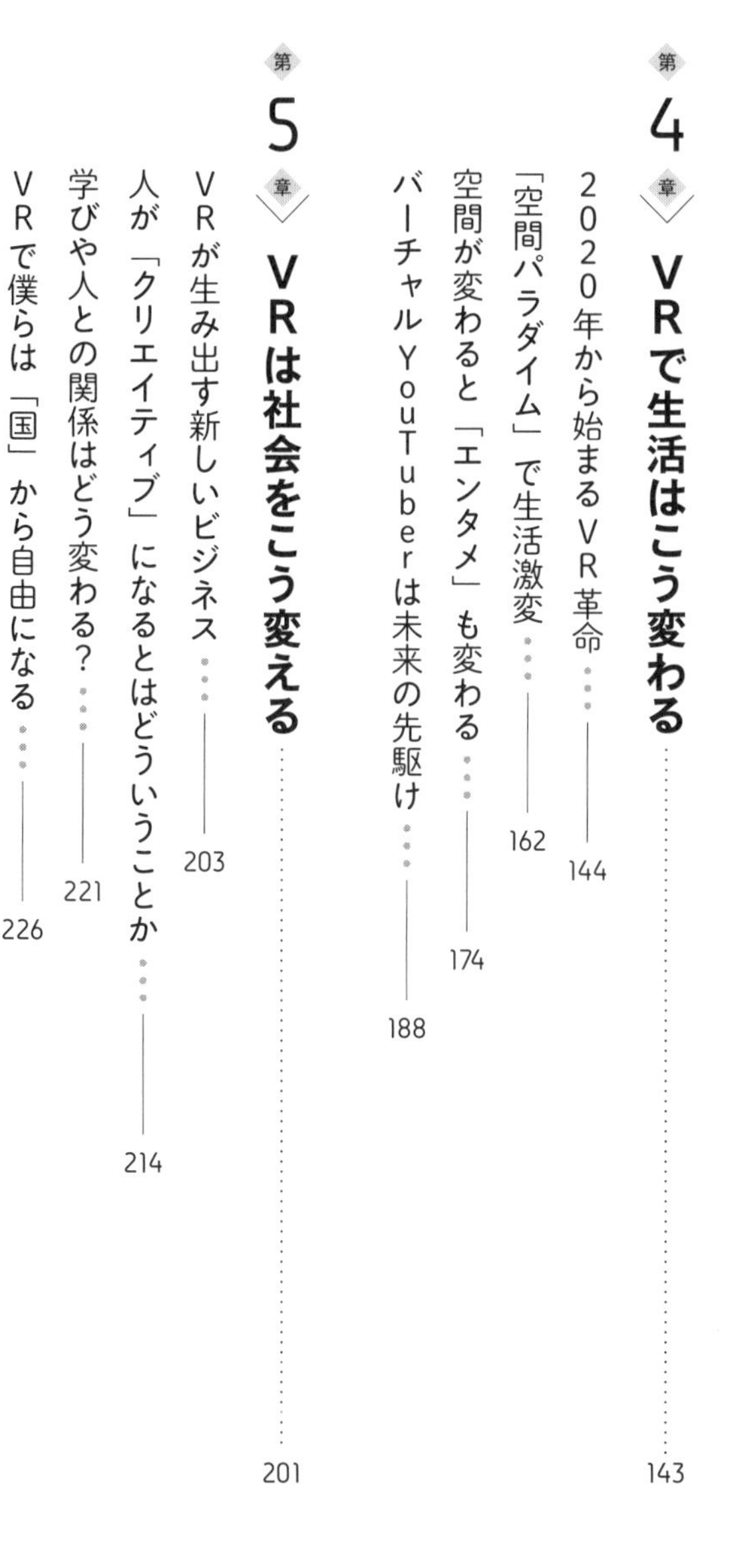

※本書は、2018年4月に刊行された『ミライのつくり方2020-2045』（星海社）に新たな原稿を加え、一部修正のうえ再版したものです

こうして僕は「GOROman」になった

「バラす」ことからすべては始まった

僕は1975年9月、愛知県豊橋市で生まれました。父と母は、比較的若くして結婚したようです。いわゆる「デキ婚」です。

詳しくは覚えていませんが、父はその頃、汎用コンピュータのプログラマーをしていたようです。当然、パソコンが生まれる前ですよ。父はとにかく忙しく、子供の頃はあまり話した記憶がありません。今考えればとても「ブラック」な仕事環境で、土曜日も仕事に出ているのが当たり前。日曜は疲れて寝てしまっていました。

でもそんな中、家にたくさんあったものがあります。

それはプリンターでプログラムを打ち出した紙です。今みたいな、A4にレーザープリンターで打ち出したものじゃなく、ドットインパクトプリンタで、帳票用紙に打ち出したものです。きっと自宅で仕事をするために持ち帰ったんでしょうが、そんな紙が、いくらでも使えるものとして家の片隅においてありました。それをビリッと破って、裏に落書きばかりしていました。

「そこに書かれたプログラムからコンピュータを覚えて……」というんじゃないですよ！

まだ慌てないでください（笑）。

その前に、今考えると、自分に大きな影響を与えたものがあるんです。それは、母方のおばあちゃんの教育方針でした。

おばあちゃんの家は、当時の自宅から車ですぐ通えるくらい、わりと近くにありました。だからなにかあるとすぐにおばあちゃんの家に行ったし、そこが僕は大好きでした。

好きだったのには理由があります。

おばあちゃんの家には、一部屋、「僕がなにをしてもいい部屋」があったんです。プレハブの、そんなに大きくはない部屋です。その中には、時計や古い白黒テレビに古いギターなど、いろんなものがありました。全部、おばあちゃんの家ではもう使わないもので、この部屋の中にあるものは本当になにをしてもよかったんです。そう、分解しても。

子供って、たいてい「分解する」のが好きですよね。僕もそうでした。とにかくバラして、なぜ動くのかを確かめたくてしょうがなかった。

普通は、バラすと怒られますよね。

でも、おばあちゃんは怒らなかった。なにをしてもよかったんです。おばあちゃんの家の「なにをしてもいい部屋」は、僕にとって秘密基地みたいなものでした。

ある日、部屋にある白黒テレビを分解することにしました。分解といっても、つまみを外すとか裏蓋を外すとか、そういうレベルじゃないですよ。ブラウン管を外して、本当に中身がバラバラになって、元に戻せないところまでやりました。

ブラウン管の根っこに「電子銃」があるの、ご存じですか？　電子を飛ばしてブラウン管の表面にぶつけるためのものなんですが。もちろん当時は、それがどんな仕組みで、なにをするものなのか、まったくわかっていませんでした。細くなっている電子銃の部分を持って分解しているうちに、「プシューー！」と大きな音がし始めました。

僕は慌てましたね（笑）。「やばい、なにか毒ガスがテレビから出てくる！　僕は死んじゃう！」って。息を止めて、自分が死んでしまうのを待ちました。

もちろん、死んでませんよ（笑）。実際には逆で、中が真空だったブラウン管に空気が入っていく音だったんです。その怖さは、すごく覚えています。

普通こういうことがあれば、親は「危ない！　もうやめなさい！」と止めますよね。でも、そういうことは一切ありませんでした。むしろ、おばあちゃんは「よくやった」と褒めてくれました。まあ、使っていないものだからバラしても怒られなかったんだろうとは思いますが。どちらにしろ、家庭環境なのかおばあちゃんの方針なのか、自由を重んじるところがあって、その後も、ゲームをしようがずっとプログラミングをしようが、怒られた記憶はあまりないんです。

とにかく当時は、動いているものは仕組みが気になってしょうがなかった。説明書も全部読んで、全部の機能を理解していないなんて耐えられなかった。ラジカセやアンプについている大量のボタンも、それぞれがなんのためにあるのか、確かめずにはいられない。そんな幼少期でした。

ガジェット越しに生まれる父との対話

そんな僕がコンピュータに最初に触れたのは、幼稚園の頃です。その時はパソコンではなく、ゲーム機。純粋に遊びとしてゲームに触れました。

当時はまだファミコンも出る前で、「ブロック崩し」や「テニス」などができるシンプルな専用ゲーム機が登場し始めた頃です。すぐにゲームが大好きになったのですが、別に、親にねだって買ってもらったわけではありません。

父親が率先して買ってきたんです。要は、父親のおもちゃだったんですね。

我が家は、決して裕福な家庭ではありませんでした。普通のサラリーマンの家庭です。とはいえ、父親がとにかく新しいモノ好きなので、いろんな種類のゲーム機が自宅にあったんですよ。物心がついた時から、自宅にはテレビゲーム機やビデオデッキがありました。

忙しく働く父とは、ほとんど会話した記憶がありません。でも、父が買ってくるガジェットとは常に対話していました。ガジェットを使うことで、間接的に父と会話していたようにも思います。たまにコミュニケーションを取るきっかけが、彼が買ってきたガジェットだったんです。

僕が最初に触れたパソコンも、そんな、父が買ってきたガジェットのひとつでした。当時は「マイコン（マイクロコンピュータ）」と呼ぶのが一般的でしたが。

我が家にやってきたのは、質流れ品の『ＰＣ-６００１ｍｋⅡ（ＮＥＣ、１９８３年）』でした。当時は新品だと思っていたんですが、どうやら中古のようです。ＰＣ-６００１ｍｋⅡとデータレコーダー（当時はパソコンのデータをテープに記録していました）、専用モニターのセットが自宅にやってきました。これが、僕が初めて触れたマイコンです。

といっても、最初に興味を持ったのはやっぱりゲームでした。ＰＣ-６００１ｍｋⅡと一緒に、父は『マイコンＢＡＳＩＣマガジン（電波新聞社）』や『Ｐ：ｉＯ（工学社）』といったマイコン雑誌を買ってきました。当時のマイコン雑誌には、ゲームの「プログラムリスト」がそのまま掲載されていたんです。とにかくそれを一字一句間違えずに入力すれば、そのゲームを楽しむことができました。あと、何本かゲームソフトもついていたように思います。もちろん、これもテープです。

父との数少ない会話の中で、「プログラムを打ち込めばゲームができる」こと、「テープを使えばゲームが保存できる」ことなどを教えてもらい、弟と一緒に、とにかく雑誌からゲームを入力する日々が始まりました。

それが、1983年頃のことです。

1980年代に子供だった人は、みんな似た経験をしているんじゃないでしょうか。駄菓子屋にはアーケードゲーム機が置いてあって、40円のソース焼きそばを食べながら、それをプレイするのが楽しみでした。当時だと、『ゼビウス（ナムコ[*1]、1983年）』『ドラゴンバスター（ナムコ、1985年）』、『イー・アル・カンフー（コナミ、1985年）』なんかが大好きでしたね。やっぱり、当時のアーケードゲームはパソコンや家庭用ゲーム機のものよりもクオリティが高かったので、大好きでした。

駄菓子屋に置かれた安価なものだとはいえ、アーケードゲームをやるにはお金がかかります。うちに来ればマイコンで、タダでゲームができる。だから友達は、僕のうちによく遊びに来ました。とはいえテープですから、ゲームを始める前の読み込みに15分以上かかります。

＊1　現・バンダイナムコエンターテインメント

その間は、外でキックベースをして遊んでました。
ある意味、典型的な「80年代のガキ」だったんです。

「プログラミング」を見つけた！

必死に雑誌から入力していたプログラムリストは、当時の僕にとっては暗号に過ぎませんでした。全然中身がわからなかったからです。もちろん内容を理解できれば、ゲームがどのように動いているかを把握することができますし、改造だってできます。

でも、当時はそんなことはできませんでした。僕を突き動かしていたのは、「この暗号を打てば、とにかくタダでゲームができる」ということでした。いろんなゲームをやりたいけれど、子供ですからお金もない。雑誌の謎の暗号文をひたすら打っていけばゲームができるっていうのは、すごいことで、やる価値があると思っていました。

その「暗号文」が、実は意味がある文章で、書き換えることも自分で作ることもできる……。それを知ったのは、すがやみつる先生の名著『こんにちはマイコン（小学館、1982年）』を読んだ時のことです。自分で買ってきたのか、買い与えてもらったのかは覚えていませんが、マンガを読むことで、マイコンがどうやって動いているかや、プログラミング言語である「BASIC」の仕組みも理解することができました。

中身がわかるようになると、まずやったのは「ゲームの改造」です。当時雑誌に載っていたゲームは、入力に時間がかかる割に、すぐ飽きちゃうんですよ。そんなに複雑にできませんからね。だから改造して自機を無敵にしたり、残機数をめちゃめちゃに増やしたりして遊びました。

そうそう。

親がPC-6001mkⅡを買ってきた時、一緒についてきたゲームに『惑星メフィウス（T&Eソフト[*2]、1983年）』というアドベンチャーゲームがありました。

このゲームが小学3年生だった自分にはどうしても解けなかったんですよ。途中に砂漠があり、そこを抜けなくてはならないのですが、その砂漠は22×22マスもあり、しかも、どこを見ても風景が変わらない（笑）。ムカついて「STOPキー」を押したら、ピーッと鳴ってプログラムを止められました。

実は『惑星メフィウス』はBASICで書かれていたんですね。なので、中身を読んで

＊2　現・スパイク・チュンソフト

理解することも、不可能ではなかった。でも、一応「ずる」を防止する策も採られていました。文字を黒に、背景も黒にすることで、プログラムのリストを画面に表示する「LIST」コマンドを使っても、文字が読めないようにしていたんですね。でも、そんなの、気付けば突破は簡単。文字を白く戻してあげればいいわけですから。

『こんにちはマイコン』を読んで、もうBASICの中身はわかっていましたから、『惑星メフィウス』のプログラムを解析して、砂漠を無事突破しました。

プログラミングも、まずはそんな風にゲームを改造したり、解析したりするところから学んでいきました。要は、幼少の頃にテレビを分解して遊びながら学んだことと同じですね。テレビはぶっ壊して学んだし、プログラミングもソフトをバラし、変化を見て学んだ。そういうやり方が合っていたんでしょうね。

手を動かすのが好きな小学生

これだけゲームが好きだったのに、オリジナルのプログラムとしてまず作ったのは、ゲームではありませんでした。PC-6001mkⅡには音声合成機能があったんです。

「TALK」というBASICの命令を使って、簡単にしゃべらせることができました。ローマ字で入力すれば日本語をしゃべらせることもできたので、これを使ってなにかやりたい……と思ったんですね。まだ小学4年生くらいで、学校でローマ字を教わる前でしたが、マニュアルに載っている一覧表を見ながら入力し、「機械にしゃべらせる」ことになんともいえない喜びを覚えていたんです。

そこで、こんなプログラムを作りました。

当時近所のゲームショップでは、ファミコンのゲームの中古販売が始まっていました。電話をかけると、店員さんがその時の中古価格を教えてくれたんです。なので、PC-6001mkⅡの音声合成を使って、「ファミコンショップに電話をかけ、音声合成で中古ソフトの値段を聞き出す」ソフトを作ろうとしたんですよ。

といっても、複雑なものではありません。「Aランクの価格のソフトは、今なにがありますか」「ありがとうございます」といったコマンドを用意して、押したキーに合わせてしゃべる、というだけのものです。でも、当時の僕は「これで人と機械が話せるんじゃないか?!」とすごくドキドキしたんですよね。

結果的には、うまくいきませんでした。PC-6001mkⅡの音声合成が拙すぎて、相手にはきちんと伝わらなかったんです。ドキドキしながら電話をかけて、PC-

6001mkⅡにしゃべらせてみても「あー？　なんですかー？」と言われて、電話を切られちゃった（笑）。

同時期には、親に誕生日プレゼントとして、PC-6001mkⅡ用の「デジタイザー」を買ってもらったんです。デジタイザーというのは、今でいうペンタブレットのようなもので、紙に描かれた絵をペンでなぞっていくとその線が入力できる、というものです。PC-6001mkⅡは16色しか出ませんし、今のように正確な線が引けるわけではなく、点が入力されるだけです。それでも、自分のマイコンで絵が描けることはすごく楽しかった。この頃は、これにも夢中でしたね。

当時、僕は学校の勉強がそんなに得意ではありませんでした。でも、図画工作や音楽のような、手を動かす、クリエイティブな授業は好きでした。絵も得意でしたね。小学校低学年の時にザリガニの絵かなにかを描いて、それが中国に送られ、コンクールみたいなものに入賞し、中国の切手セットをもらったのを覚えています。時間があるとパラパラ漫画も描いていました。

勉強はそんなに好きではなかったのですが、プログラミングはもう大好きになっていました。思い通りにコンピュータが動いてくれるってすごい、自分がこうなってほしい、という思いをパソコンに入力すると、その通りにしゃべり、音が鳴り、絵が出てくる。これは、喜びの原体験として残っています。

父は相変わらず新しいモノ好きで、新しいパソコンをいくつも買ってきました。最初のマイコンであるPC-6001mkⅡを経て、小学校5年生の時には『MZ-1500（シャープ、1984年）』が、小学校6年生の時には『X68000（シャープ、1987年）』が自宅にやってきました（口絵③）。この頃には、これらのパソコンのゲームで遊ぶだけではなく、オリジナルのゲームも作るようになっていましたね。作っていたのは、当時のアーケードゲームなどから影響を受けた、シューティングゲームやアクションゲームです。

そうそう、1本、完成しなかったけれど、すごく力を入れて作っていたゲームがあります。小学5年生の時に、『聖闘士星矢（集英社）』のゲームを作ろうとしたんですよ。登場するキャラクターをみんなドット絵で再現して、横に進んでいくアクションゲームでした。主要4キャラ分くらいはグラフィックを作ったのですが、そこで力尽きました。

そんな風に、僕の小学校時代は過ぎていったのです。

「モテたい」隠れパソコンマニア

1988年になり、僕は中学生になりました。

小学生から中学生になると、誰もがちょっとした変化を迎えます。そう、「モテたい」と思うようになるんです。

今から思うと信じられないかもしれませんが、当時はパソコンをやっていたり、アニメ雑誌を買っていたりするのは「暗い」「言っちゃいけないこと」のように思われている部分がありました。実際には、そんなことはなかったのかもしれません。でも僕は、勝手にそう思い込んでいた部分があります。当時はある種の「空気」として、そんなところがあったのは間違いありません。ファミコンでゲームをするくらいは、男子ならまあ当たり前だけれど、それ以上は特殊……そんな雰囲気です。

ゲームセンターもまだどこか薄暗く、「不良のたまり場」のように思われている部分がありました。特に小学生時代は、「駄菓子屋のゲームコーナーは明るいからいいけれど、ゲームセンターは不良のたまり場なので、行く時に先生にバレちゃいけない」的なところがあって。でも、そういうゲームセンターに行かないとできないゲームもあったんですよ。具体的にいえば『ガントレット（アタリ、1985年）』なんですが。校区外に出ると先生に怒られる上に、ゲームセンターに行くと不良にカツアゲされる可能性もあった。そんなリスクを冒しても、遊びたいゲームがあったんです。小学生にとっては、電車に乗って校区外のゲーセンに行くのはけっこうな大冒険だったのですが、「ある程度リスクは取らないと新しいものは体験できない」んだっていうことは、その頃学んだ気がします。

話を戻しましょう。

実は中学に入る頃、両親が離婚しました。そのために転校せねばならず、友人関係がリセットされてしまったんです。

そんな中で「パソコンとゲームが好きだということは、あまり言うべきじゃない」という意識がありました。なので自己紹介の時にも「趣味は読書です」という風に、適当なことを答えた記憶があります。なぜか「本当のことは言っちゃいけない」と思ってしまったんです。こうして僕の中学時代は、隠れキリシタンのように「隠れパソコンマニア」としてスタートしたのです。

でも、誰にもその姿を見せないわけではありませんでした。普段学校ではそんな話はしないし、そぶりも見せないものの、仲が良くなった友達には、自宅でゲームができることを話し、熱心に遊ぶようになっていました。

そんな友達の一人に「ナカジマくん」がいました。最初に仲が良くなった友達の一人です。彼はパソコンはまったく持っていなかったんですが、僕の家でパソコンゲームにはまり、「ゲーム漬け」になっていきました。確か、クラスで1、2を争うくらい成績がいい奴だったんですが、みるみるうちに成績が下がっていった(笑)。しまいにはナカジマくんは、毎朝僕の家に来て、ゲームをやってから学校に行くようになっていました。

そんな「仲良くなるとゲーム漬け」にする行為が、進級してクラスが変わるたびに続きました。自宅にあったX68000は、当時のゲームセンターにあるゲーム機と同じような性能を持ったパソコンでしたからね。みんな、その魅力からは逃れられなかった。

それでも、女子とはほとんど話をしませんでした。いわゆる「コミュ障」だったので、人と話すのが苦手だった、ということはあります。部活は最初、吹奏楽部を選びましたが、すぐに辞めてしまいました。だって、話す人が誰もいないんだもの。女子とは話せないし、パソコンやゲームについては「隠れキリシタン」状態だったから、その話題でも話すことはできない。「ここは俺の住む場所じゃない」と思って、辞めるというか、速攻バックレました。で、帰宅部になりました。自分としてはそれでよかったんだろうと思います。ゲームやプログラミングをする時間が増えましたから。部活に入っていたら、朝練なんかもあったでしょうしね。そういう時間を、全部自分の趣味に充てられたので。

隠れキリシタンのようなパソコン生活は、中学の間、ずっと続くことになります。

パソコン通信がすべてを変えた

そんな生活に、大きな転機が訪れました。

中学1年の時「モデム」を買ってもらったんです。

モデムというのは、当時の電話回線にパソコンをつないで、通信をするために必要な機器のことです。1988年当時、インターネットはまだ家庭で利用できる状況にはありません。電話回線でコンピュータ同士をつなぎ、片方が「ホスト局」、もう片方が「ゲスト」として通信をし、ホスト局に残したメッセージなどでコミュニケーションを取る「パソコン通信」が登場して話題となり始めていた頃です。パソコン雑誌では特集が組まれるようになっていて、僕もそれを読んで「やりたい！」

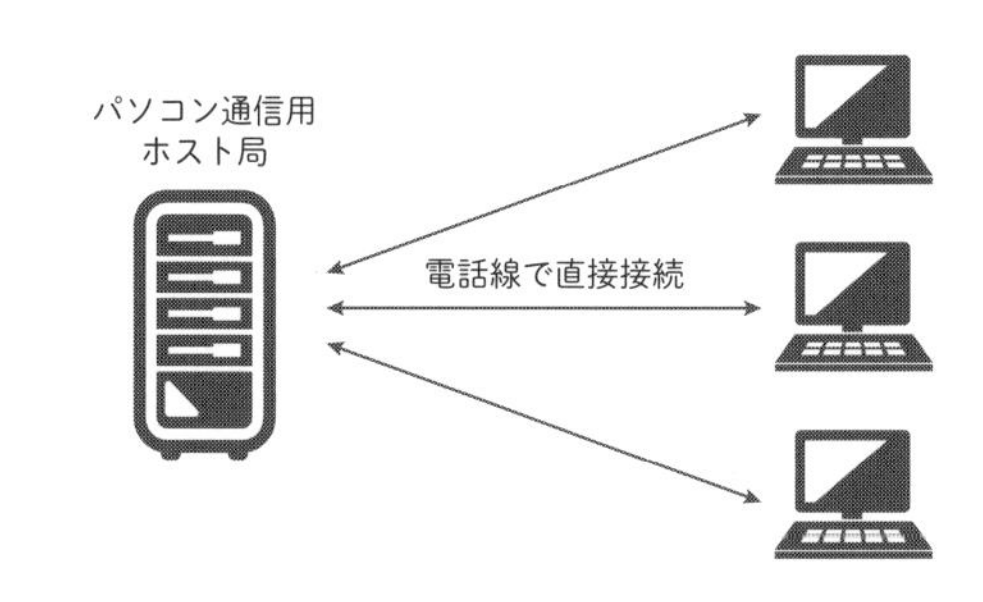

図解：パソコン通信

と思うようになっていました。

当時はディズニーランドが開業した頃で、「家族旅行として行こう」という話が出ていました。でも僕はディズニーランドにまったく興味がなかったので、「その旅費でモデムを買ってほしい」と親に懇願したのです。モデムは、確か2万4800円くらいした記憶があります。

今思えば無茶なお願いですが、それを聞き入れた親も相当にアナーキーですよね。

パソコン通信は、ホスト局にアクセスするところから始まります。多くの人は、大手企業が運営する『ニフティサーブ』や『PC-VAN』『アスキーネット』などに集中していましたが、有料サービスなので、学生の僕にはアクセスできませんでした。ですから、アクセスしたのはもっぱら「草の根ネット」と呼ばれた、個人が運営する無料のホスト局です。

当時のパソコン雑誌には、草の根ネットのホスト局を紹介する「パソコン通信電話帳」のようなものが付属していました。なのでまず、それを活用しました。その電話帳に載っているホスト局に対して、北海道から順に、すべてアクセスしてみたんです。

これが本当に面白かった。

学校では隠れキリシタンのように、自分がパソコンユーザーであることを隠して生活していました。パソコンの深い話を友達としたいのに、学校ではそれができない。ある種の思い込みなのですが、そんな話をしたら絶対にモテないし、下手をしたらいじめられるかもしれない……。そんな風に思っていました。

でも、パソコン通信の向こうには、自分と話が通じる人々がいる。ゲームをしにくる友達よりも深い話をしても通じる「同じ民族」が、コミュニティがあるんじゃないか……。パソコン雑誌の「パソコン通信特集」から、そう感じたんです。だから、家族旅行よりもモデムが欲しくてしょうがなかった。

そして実際にアクセスしてみると、そこには本当に、自分と同じような話ができる人たちがたくさんいたんです。これはメチャメチャ面白かった。顔はもちろん、どこにいるかも知らない人々と深い話ができる、ということが、とてつもないことに思えました。

この頃、パソコン通信の世界では、自分が中学生であることを明かしていませんでした。当時は「GORO」と名乗っていたのですが、パソコンの向こうでコミュニケーションを取っている人たちは、自分がまさか中学生だとは思っていなかったようですね。

パソコン通信を始めてすぐの頃、いわゆる「オフ会」に参加したことがあります。オフ会の場所は普通の喫茶店で、自宅からけっこう遠い場所でしたが、自転車で向かいました。でも、行ってみたものの、その喫茶店がどこかわからない（笑）。だって、中学生は喫茶店には入りませんし、当時はグーグルマップだってなかった。「この店かな」と思ったところの前をうろうろしていると、中から声がかかりました。

「お前もしかして……GORO か?!」

オフ会に来ていたのは、だいたい大人か大学生です。向こうもまさか中学生が来るとは思っていなかった。だから、すごくかわいがってもらえました。ビリヤード場につれていってもらったり、少し大人の世界をのぞかせてもらった印象があります。あと、みんながいらなくなった機器をくれるんですよね。今では想像もつかないですけど、当時のハードディスクって、数十「メガバイト」で10万円以上したんです。いまなら1分もかからず送れて、写真1枚でいっぱいになってしまうようなものですが、中学生には手が出せるようなものではなかった。そういうものを、知識と一緒にくれたりしたんです。いろいろな大人に会えて、本当に恵まれていたと思います。

でも、幸せは長くは続きませんでした。

北海道から順に電話をかけまくったので、電話代がすごいことになったんです。今は遠距離通話の費用も安くなりましたし、携帯電話ならかけ放題の時代だからピンと来ないかもしれませんが、当時は遠くに長い時間電話をかければ、それだけ電話代は高くなったんです。

自宅の電話代は、2カ月連続で7万円を超えました。さすがに親からカミナリが落ちて、パソコン通信を禁止されます。夜中にそっと近所のホスト局にアクセスしたりしてはいたのですが、それもばれて、完全に禁止されてしまいました。

「終わった」

そんな絶望すら感じました。

GORO-NET誕生

禁止されたといっても、当時の僕はパソコン通信がしたくてたまりません。

そこで、ちょっと発想を変えてみました。

こちらから電話を「かける」から電話代がかかるんです。なら、「向こうからかかってくる」ようにすれば、電話代ってかからないですよね？

発想を転換して、自分からホスト局にアクセスするのではなく、自宅をホスト局にしてしまったんです。これなら、うちは電話代を払わず、いくらでもパソコン通信ができます。

我が家は「普通の家庭」でしたから、電話回線は1本しかありません。ホスト局としてここに電話が常にかかってくると、自宅では電話ができなくなってしまいます。ですから、ホスト局が開くのは夜中の11時から朝の6時まで。パソコン通信で入手したホスト局運営用のプログラムを自分で大改造して、自分のパソコン通信局「GORO-NET」が生まれました。これが、中学2年生になる頃のことです。

他のホスト局の掲示板に宣伝を書いたら、最初は30人くらい来てくれましたかね。高校時代には、会員は百何十人まで増えていたはずです。

話していたことですか? わりと他愛のない、いかにも中学生らしいことですよ。好きなアニメやゲームの裏技の話とか。まあ、雑談が多かったです。

当時、パソコンを持っているのはみんな大人だったので、やっぱり20代以上の人が多かったように思います。だからか、みんな礼儀正しいんですよね。いわゆる「大人」な書き込みをしていて。

僕は「もっとカジュアルでいい」と思っていたので、僕の運営する掲示板は、すごく言葉使いもラフというか、要は「敬語ではしゃべらない」的な世界でした。そういう世界だったんで、そういうのを求めていた人が、すごくたくさん来てくれましたね。だから、かしこまってはいなかった。

夜11時からスタートするわけですから、当然、昼夜が逆転してしまいますよね。チャットを始めちゃうと、終わるのは深夜2時とかでしたし。でも学校は8時に行かないといけない。だから、授業中はほとんど寝るようになっちゃいました。最初のうちは、先生にも怒られました。でも途中から「お前はしょうがないなあ」みたいな扱いになって、注意もされなくなりました。

今考えるととても褒められたことじゃないですけど、自分にとってはすでに、リアル側の学生生活の方がバーチャルみたいな気持ちだったんです。自分をさらけ出せないし、まともにコミュニケーションも取れない。学校ではあんまり喋んない。「なに考えてるかわからねぇやつ」みたいなポジションですよ。日常生活のエネルギーは、ほとんどネット側に使っていました。ある意味、自分の主軸がネットでの活動になっていたんです。今はそうなっている人も多くなりましたけど、当時の常識で考えると、ちょっとおかしい奴ですよね。

でも自分にとっては、自分をさらけ出し、エネルギーを注げる場所は、本当にネットにしかなかったんです。

高校と絶望

僕も中学を卒業し、高校生になる時期がやってきます。中学では相変わらず、女子とも全然話せず、パソコンのことを話せる友人も少ない状態でした。

高校では、この失敗をなんとかしたかった。やっぱり、リアル側で話せる方が楽しいじゃないですか。だから高校は「パソコンを持っていそうな奴がいる高校にしよう」と思ったんです。工業高校や商業高校なら、パソコンをやってるやつがいそうだなって思ったんです。なんとなくイメージとして。普通科よりはいいなって。

自分の成績からあえてランクは落としたんですが、工業高校の電気電子課程に入りました。半田ごてを握るのも好きでしたからね。

でも、これがまた失敗だった。

入ってみたら、パソコンを持っている奴なんか全然いない。隣の席の奴は長ランを着ている、まさに『ビー・バップ・ハイスクール』みたいな学校生活が待っていました。女子なんてひとりもいない。「ああ、ここは他に行くところがなかった奴が来るところなんだ」と、その時に認識しました。

自分を出せるところを、と思って選んだ高校が裏目に出ました。結局高校では、中学の時以上に学校ではしゃべらない人間になり、ネットの世界に戻っていきました。

正直な話をすれば、この頃、僕は人生に絶望していました。就職も進学もしたくないし、学校も、実習のような好きな授業がある時しか行かなくなりました。ほとんど引きこもりの状態です。

でもそんな僕に、少しずつ変化が生まれました。きっかけは、中学時代の友人と、パソコン通信の世界に流れ込み始めた、ある現象です。

インターネットへの渇望

高校2年の頃です。中学時代の友人が持ってきた進路に関する資料の中に、すごく心を惹かれる内容が書いてあったんです。「大学によっては、その中でインターネットができるぞ」ということなんですが。

この話、今の人にはすごさがピンと来ないかもしれません。当時僕がやっていたパソコン通信とインターネットでは、全然レベルが違っていたんです。

パソコン通信は、ホスト局と個人のパソコンをつなぐものでした。独立したグループのようなものです。

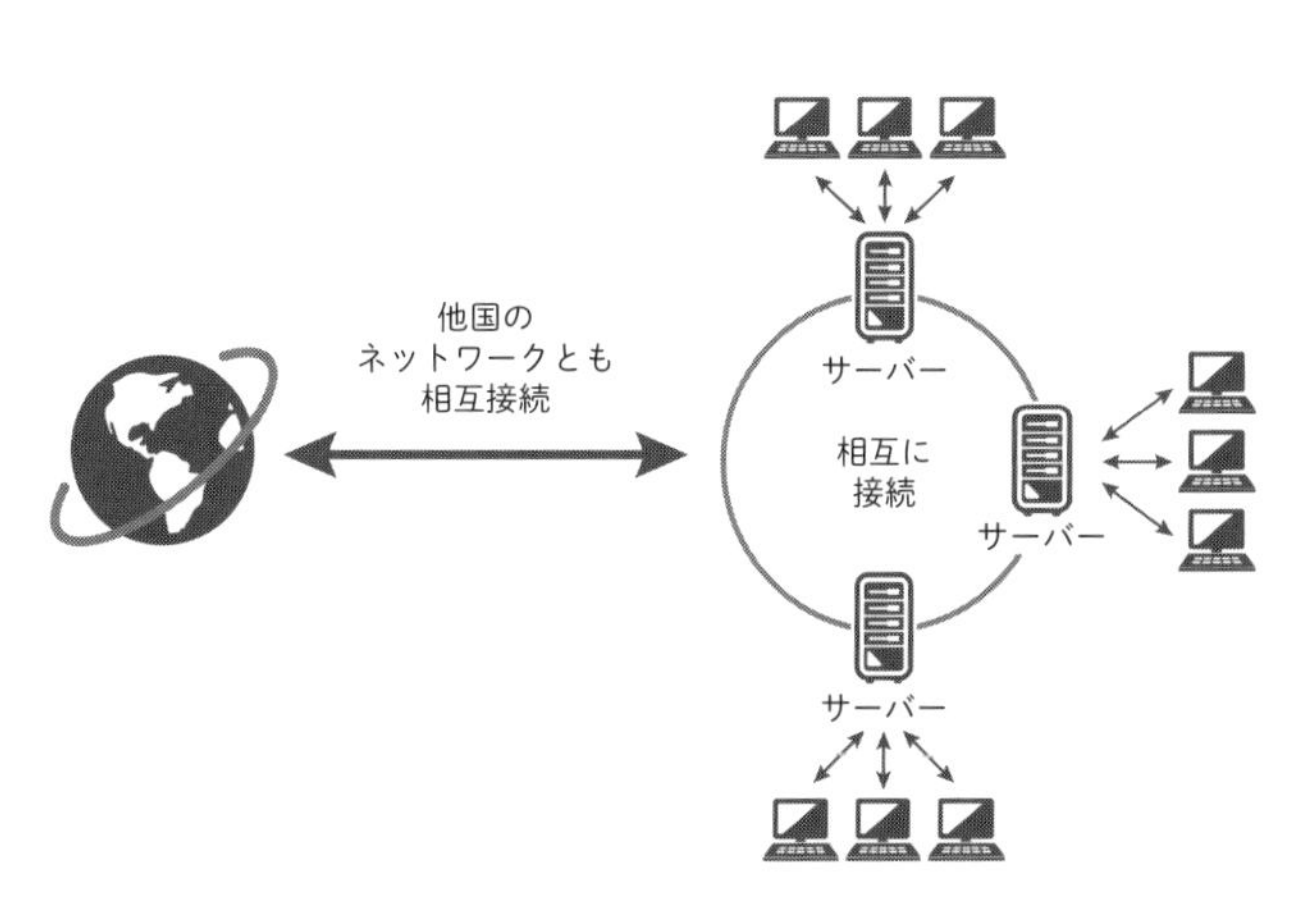

図解：インターネットの仕組み

対話できるのは、あくまで「同じホスト局の会員同士」だけに限定されていました。しかしインターネットは大学や企業のネットワークが相互につながり、世界中に広がっていました。今なら、インターネットで海外の情報にアクセスするのは当たり前のことですが、パソコン通信の時代は、インターネット、海外の情報を得るにはわざわざ国際電話をかけて、海外のパソコン通信にアクセスするのが基本、という時代です。自分たちのグループの外にある情報にはつながっていませんでした。

また、当時チャット中、インターネットのことを詳しく教えてくれた人がいました。彼は豊橋技術科学大学の学生だったんですが、技科大はインターネットに接続されていたんです。1990年頃になると、インターネットの話はパソコン通信の中にも聞こえてきていました。大学などでインターネットを使える人が、そこから様々な情報やソフトを、パソコン通信の中に持ち込むようになってきます。その量と質を目にすると、巨大なネットワークである「インターネット」が、パソコン通信とはまったく異なる、ものすごい可能性を秘めたものに感じられたんです。

「インターネットっていうパソコン通信の超すごい版が世の中にあって、それが日本どころか世界中とつながっている！　すげぇ！」

すべてに絶望していたはずの僕が、一気に興奮しました。とにかくネットのある大学に行けば、そのすごいインターネットが使えるんですから。

僕の生活は一変しました。全然行っていなかった学校にも、いきなり真面目に通うようになりました。学校で先生とも仲良くなって、とにかく「いい生徒」になろうと努力したんです。

なぜかって？　大学に行くには、推薦入学が一番確実だったからですよ（笑）。推薦入学の要項の中に「プログラミング推薦」のある大学がありました。プログラミングで入れてインターネットがある大学に行こうと決めていたので、ちょうどよかったんです。

でも、態度が悪いと推薦してもらえないですよね（笑）？　だから、心を入れ替えたんです。ちょうどその頃麻疹（はしか）にかかって、長い期間学校を休まなければいけない時期がありました。学校をサボって休んでいた期間は、麻疹で休んでいたことにしてもらってごまかしました。

高校に絶望し、人生に絶望していた自分でしたが、大学に行けばインターネットってやつが使い放題で勉強もできて、これは面白そうだ……と、180度変わったんです。

でもあくまで、軸足は「ネット」であることに変わりはありませんでした。中学生の頃から、僕のモチベーションを突き動かすものは、なにも変わっていなかったんです。

大学に入っても「モテたい」

で、大学に入り、学内でインターネットも使えるようになりました。

でも、そこでまた、ちょっと「モテたい」と思っちゃったんですね(笑)。要は「大学デビュー」しようとしたんです。

今度は今までの反省を踏まえて、「そもそも俺、これまでパソコンなんてやってないよ」というキャラ作りをしてみたんです。サークルも、体育会系のワンダーフォーゲル部にしました。

信じられないかもしれませんが、あんなに大切だったパソコン通信もやめています。それには切実な理由もあって、一人暮らしを始めたんですが、電話回線が高くて引けなかったんですよね。

これも信じられないかもしれませんが、当時は電話を自宅に引くのに「電話加入権」が7万2000円くらいかかったので、とても自分には出せなかったんですね。一方で、インターネットは大学にいけばタダで使える。パソコン通信も絶ち切って、「僕は真人間になるんだ!」と決めたんです。

でも結局、大学デビューは失敗するんですけどね。

大学に入って1年くらい経った頃、中学時代の友人から分厚い手紙が送られてきたんです。僕の自宅には電話はありませんでしたし、連絡先もきちんと伝えていませんでした。彼らから見れば「音信不通」だったはずです。でもそんな中で、自宅に「手紙」が届きました。

その分厚い手紙には、僕が運営していたパソコン通信ホスト局である「GORO-NET」への熱い思いが記されていました。

将来、ネットの利用者は男女比が50%ずつになる。そんな時代に向けてなにかやらないか、将来的には会社をやらないか、といった気持ちが綴られていました。

彼は僕に「パソコンで成績を落とされた」友達の一人です。学年で成績順位が一桁を維持するような、本当に頭のいい奴だったんですけどね。そんな彼は、「大学に入るまで自分のパソコンは持たない」と決めていました。そして、大学に入ったら自分がパソコン通信のホスト局をやるのが夢だったんです。

だから、僕に「GORO-NET」を復活させてほしかった。

手紙には一緒に、固定電話回線を引くために必要な7万2000円が入っていました。彼が貯金していたお年玉を崩したものみたいです。

その思いに応える形で、僕は自宅に電話回線を引き、パソコン通信のホスト局を復活させました。ホスト局の名前は「GORO-NETS」。最後にSをつけて複数形にしました。

といっても、GORO-NETSでやっていたことは、高校時代にやっていたこととあまり大きく変わりませんでした。GORO-NETSを復活させてからは、昼間は大学に行ってインターネットを使い、夜は自宅でGORO-NETSを運営する感じでした。当時自分は仕送りをもらっていなかったので、生活のために、コンビニでバイトもしていました。あと、麻雀ですね。コンビニのバイトと麻雀でお金を稼ぎ、それで生活していた感じです。

シェアウェア開発から「プロ」の世界へ

この後、僕にまた転機がやってきます。

それまではずっと、高校時代に使っていたX68000をそのまま使っていました。しかし、大学2年生を過ぎる頃、1995年になると、『ウィンドウズ95（マイクロソフト、1995年）』が登場し、パソコンの主力もウィンドウズに移っていきます。

当時は、ウィンドウズ95搭載のパソコンが欲しくてしょうがなかったんです。理由はやっぱり「ゲーム」でした。

パソコン用ゲームのグラフィックスは、一足早く3Dの時代を迎えていました。当時『デューク・ニューケム（3D Realms社、1996年）』というゲームがあって、それを友人に遊ばせてもらったんですね。これが本当に面白くて。立体空間の中で遊ぶ、こんな面白いゲームがあるのか……と感動しました。あのゲームができるパソコンが欲しい、と思ったし、これからはウィンドウズ95が主流になる、と確信していたので、買うことにしました。

でも、当時の新品のパソコンは、今と違ってかなり高かったんですよ。どうせ買うなら最高のものを、と思っていたんですが、最高の性能のウィンドウズ95搭載ノートパソコンって、当時は一式で65万円くらいしたんですね。その時のコンビニの時給は650円くらいでしたから、どれだけ高く感じたことか。結局、毎月1万5000円の36回払いのローンを組んで買いました。

その費用を捻出するために考えたのが、「シェアウェア」を作ることです。当時、個人が作った小規模なソフトをネットで流通させて、使って気に入った人がいくらか支払う、という形態のビジネスが起き始めていました。そういうソフトのことをシェアウェアといったのですが、僕が作ったソフトをシェアウェアとして提供することで、いくらかお金が入ってくるんじゃないか……と考えたんです。

最初に作ったソフトはそんなに売れませんでした。でも、次に作ったソフトはかなりのヒットになりました。

　作ったのはゲームではありません。『MN128-SOHO（NTT-ME、1997年）』という機器を制御するための、ちょっとしたソフトでした。MN128-SOHOは「ダイヤルアップ・ルーター」という機器です。家庭内ネットワークを組んでそこにパソコンとこの機器をつないでおくと、パソコンがインターネットを使った時「だけ」自動的にネットに接続してくれました。今のインターネットは常時接続が当たり前ですが、当時は使う時だけモデムを使ってつなぐ「ダイヤルアップ接続」が基本でした。

　MN128-SOHOは、当時登場したばかりの「ISDN」という高速回線（といっても、最大64kbpsと、今より3桁遅い速度でしたが）を使い、家庭内のパソコンから快適にインターネットを使える

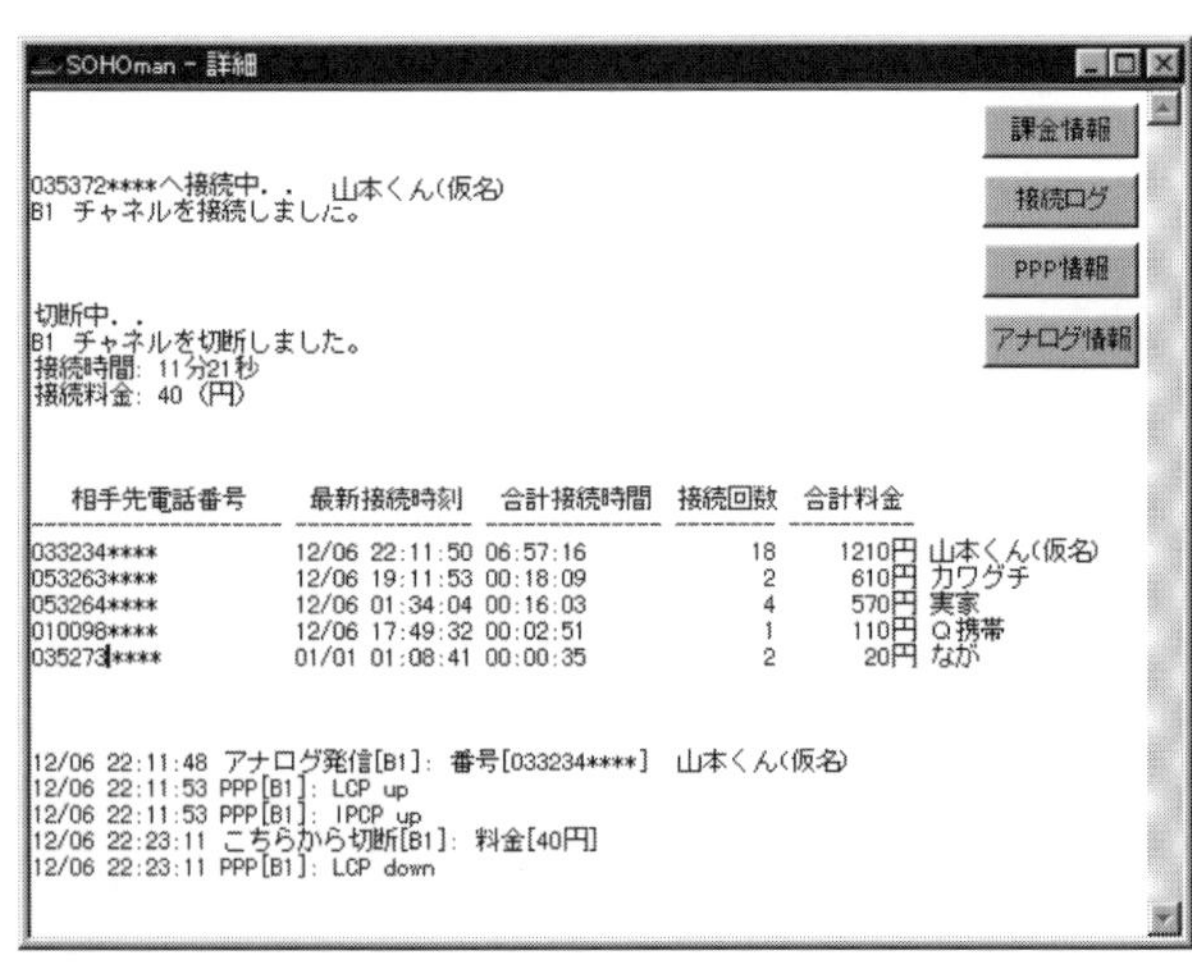

『SOHOman』画面

ようにする機器だったんです。当時は熱心なインターネットユーザーを中心に大ヒットしました。

僕が作ったのは、このMN128-SOHOをコントロールするための『SOHOman』というソフトです。パソコンから簡単にインターネットが使えるのがMN128-SOHOの良さでしたが、電話代がまだ高い昼間にも、不意にネットに接続してしまうことがあるのが欠点でした。そこで、電話代が安くなる夜11時以降しかつながらないようにしたり、用途によって接続する電話番号を変えたりと、MN128-SOHOの価値を最大限に引き出すソフトを作ったんです。

これが本当にヒットしました。多くの人のニーズを満たしていたんでしょうね。1本1000円くらいの値付けだったのですが、いきなり2000本くらい売れました。時給650円のバイトをしている人間の手元に、いきなり200万円以上のお金が入ってきたんですよ！　ソフトを作ることがこんなに儲かる仕事ならば、もう大学に行く必要はないんじゃないか、と僕は思いました。

ちょうど当時は、ゲーム業界が拡大し始めた頃で、プログラマーが不足していました。パソコン通信で知り合った人からは、「自分の会社に入らないか」と誘われてもいたんです。

ですから僕は結局、そのまま大学を辞め、ゲーム会社に入ってプログラマーの道を進むことになります。

ソフトを使ってもらう「喜び」

ソフトを作って人に使ってもらう、ということを、僕は小学校の頃からずっと続けてきました。最初はもちろんゲームです。家に遊びに来た友達に、自分が作ったり改造したりしたゲームをやってもらったのが始まりです。

中学・高校になると、作るゲームは高度で規模の大きなものになっていきました。パソコン通信もありましたから、より多くの人に遊んでもらうこともできましたし。高校時代、ゲームセンターでは『ストリートファイターII（カプコン、1991年）』が大ヒットしていました。だから自分もああいうゲームが作りたい、と思ったんですね。ちょうど金持ちの友人に、ストリートファイターIIの基板（アーケードゲーム機の中身）を持っている奴がいたんですよ。それを一週間くらい借りて映像をビデオに撮って、コマ送りしながら分析して、自分で格闘ゲームを作ろうとしたんです。題材ですか？　当時は『少年ジャンプ』で連載していた、漫☆画太郎先生の『珍遊記（集英社、1990年）』ですよ。珍遊記の格闘ゲームを作ってみたかったんです。全部自分一人で作って、パソコン通信上で、2回ほどテスト版を公開しました。最終的には「同人ゲーム」として売ろうと思っていたんですが。

このテスト版が、パソコン通信上でものすごく高く評価されたんです。すごくたくさんの反響やコメントをもらえて。これはうれしかったですね。

高校まではすごくゲームが作りたかったんですが、大学に入るとゲームじゃなくて後述するようなツールを作るようになりました。きっと、インターネットが使えるようになって、できることが大幅に増えたからだと思うんですが。それに、当時は高度なネットゲームがたくさん登場し始めた時期でもあります。『ディアブロ(ブリザードエンターテイメント、1997年)』や『ウォークラフトⅡ(ブリザードエンターテイメント、1995年)』は、ちょっと人生がおかしくなるくらいやりました。コンビニのレジ打ちをしている最中にも、脳内では「ああ、ディアブロのあのレアアイテム欲しいな」みたいなことをずっと考えている状態でした。そして、ふっと我に返る、みたいな(笑)。

自分で作るソフトは、SOHOmanやリモコンを制御してホームオートメーションをする、といったツールみたいなものばかりでしたね。そういうものをシェアウェアとして、本当にたくさん作っていました。SOHOmanももとは、MN128-SOHOを買ったGORO-NET時代からの知り合いが「こんな機能があるといいね」というのでプロトタイプを作ってみたら、彼がすごく喜んでくれて。「それならば」と思い、彼の意見に自分のアイデアを加えて作ったのが、SOHOmanでした。

やっぱり、喜んでもらえるのはなによりもモチベーションになるんです。自分が作ったものが評価されたり、作ったもので誰かが楽になったりするのは、自分にとっても喜びでした。結局、パソコン通信時代を通じて、「自分と同じ価値観の人々」と対話することがなによりの楽しみでした。そしてソフトを作ることも、価値観の共有だったんです。

僕はそんな時代を過ぎて、ソフト開発のプロになっていきます。そして、人生を変える「VR」との出会いがあるわけですが……。その辺については、次章で語っていきましょう。

日本にVRを！

ゲームプログラマーの道へ

前章で述べたように、僕はプログラマーとして会社に入ることになりました。就職したのは1996年。ゲームソフトを開発する会社です。

この時、日本のゲーム業界は成長期を迎えていました。『ファミリーコンピュータ（任天堂、1983年）』『スーパーファミコン（任天堂、1990年）』で生まれた家庭用ゲーム機の市場が、1994年末に相次いで登場した『セガサターン（セガ・エンタープライゼス、1994年）』[*1]『プレイステーション（ソニー・コンピュータエンタテインメント、1994年）』[*2]の登場でさらに活性化し、多数のゲームソフトが世の中に出ていきました。僕が入社したのは、プレイステーション向けのゲームソフトを開発する、「ゲーム開発下請け」と呼ばれる会社のひとつでした。

プレイステーションの登場は、ゲーム業界に大きな転機をもたらしました。平面的な「2Dグラフィックス」から、現在主流となっている「3Dグラフィックス」への移行が起こったのです。パソコンやアーケードゲームの世界では1990年代に入った頃から起きていた変化ですが、非常に安価な家庭用ゲーム機でもそれが可能になったことが、ゲームの表現力に大きな変化をもたらしました。

一方で、3Dグラフィックスの一般化は、ゲームプログラマーに新しい課題を突きつけました。ゲームの開発に数学の知識が必要不可欠なものになったんです。高校レベルのもので大丈夫なのですが、2Dグラフィックス時代に求められていたものとは、まったく違うレベルの知識が必要になりました。

でも、全員がその知識を最初から持っていたわけじゃありません。VRで3Dグラフィックスをバリバリ使っている今の姿から見ると意外かもしれませんが、実は僕も、入社した当初は、3Dグラフィックスのことが全然わかりませんでした。もともと、数学も苦手でしたしね。

かといってプロになった以上、「わからない」で済ませるわけにはいきません。会社からはいきなり、分厚い3Dグラフィックスの解説書を渡されて、「これでゲーム開発用のツールを作ってね」と言われました。3Dグラフィックス技術のことを知らない人には、「UVテクスチャを作成するツールを作って」と言われても、なんのことかわかりませんよね？　UVって紫外線？　って感じで。大丈夫、僕も当時はそんな状況でしたから。ちなみに、

＊1　現・セガゲームス
＊2　現・ソニー・インタラクティブエンタテインメント

3Dグラフィックスでの UV に、日焼けは関係ありません。

そんな、基本的な言葉ひとつわからない状態でしたが、もうとにかく、その本を読んで勉強するしかない。ですから当時は、定評のある入門書や専門書をひたすら読んで、勉強しながら仕事をする日々でした。

でも確か、そのツールは完成しなかったんですよね。途中で、人手が足りなくなったゲームの開発プロジェクトにアサインされ、そちらの仕事をしたはずです。サーフィンのゲームだったんですが、そのゲームもプロジェクトは中断されて、結局世には出ていないと記憶しています。

プロのプログラマーとして最初に完成させたのは、社内で使うためのツールでした。同時期に入社したデザイナーが、毎日すごく苦労していたので、その労力を軽減するためのものです。

今はそんな作業は不要なのですが、当時のプレイステーションでは、3Dグラフィックスに使うテクスチャ（表面の模様・質感）の情報を、VRAMと呼ばれる領域の中へ1枚の絵にまとめて配置しないといけなかったんです。例えば顔と手足、体のテクスチャがあるとすれば、それを1枚の絵に収まるように、うまく配置してあげる必要がありました。旅行に行く時、荷物を鞄に詰める作業や、テトリスでブロックをうまくはめる作業のようなものです。

それを毎日、データを作るたびに、デザイナーが手作業でやるわけです。なんかいつも夜中までそんなことをやっているので、「なにをしているの？」と聞いたら、「いや、これをとにかくやらないといけない」と嘆いている。

なので僕は、その「並べ替え」を自動でやるプログラムを作りました。そんなの、ソフトが自動的にやってくれた方が絶対楽じゃないですか！　今まで人海戦術で5時間かかっていたものが、2秒で完了。説明には「地獄の配置作業から解放されます」と書きました(笑)。もちろんすごく感謝され、社内デザイナーの誰もが使うツールになりました。

でもこのツール、会社から仕事として命令されて作ったものじゃないんですよね。同期の友達があまりにかわいそうだと思って、業務の隙間の時間に作ったんです。みんなが喜んで使ってくれるのを見て、「ああ、いいことをしたな」とうれしくなりました。

なんで僕らはこんなに苦しいんだ！

ゲーム会社ではツールばかり作っていたわけではありません。ゲームそのものの開発もやりましたし、もっと軸になる「ゲームエンジン」のようなものの開発もしました。ゲームエンジンというのは、ゲームを作るための基盤のようなもので、これを整備することで、複数のゲームの開発が容易になります。ですから、ゲームに関わるあらゆる部分を作る経験を積み重ねたことになります。

僕は最初の会社に入ってから今まで、かなりの数の転職を繰り返しています。出会った人に誘われて新しい会社に行く、というパターンが多かったんですが、結局、2010年に自分の会社を起こすまで、6つの会社を渡り歩きました。

会社の中で、ゲームのように大規模なソフトを開発していくことは、パソコン通信時代・インターネット時代に個人でソフトを開発していた時とはまったく違っていました。「チームで仕事をする」ことの大変さを学んだ気がします。

最初は、どのチームも仲が良いんですよ。でも、プロジェクトが難航してデスマーチ化していくと、本当のところの人間性が出てきます。そういう人間関係がイヤで辞めた会社もあります。本当にストレスフルで。

現在のゲーム業界もそんなところがありますが、当時はとにかく「困難に直面したら根性でなんとかしろ」という部分がありました。結果的に、全然家に帰れなくなったり。プロになって2年くらい経過したところで、こうしたことがとても理不尽に思えてきました。

「僕らはなんでこんなに苦しいんだ!」「なんでこんな風になってしまったんだ!」

そんな気持ちです。

そもそも、辛い気持ちのままでゲームを作っても、面白いものはできねぇな……って思ったんです。プロジェクトの最初の頃はみんな和気あいあいとしてやっていて、その時は「わりと面白いものができそうだ」と思えます。でもいわゆる納期が迫ってくると、プレッシャーがどんどん厳しくなる。みんな自分の責任範囲にだけ集中して、周りを見るゆとりがなくなってくるんですよ。

例えば絵を描く人が苦悩の中で描いたら、絵に苦悩が表現されますよね。僕たちはエンターテインメントを作っているのに、こんな殺伐とした中で本当に面白いものは作れねぇよ……と思ったんです。

それを象徴する出来事がありました。

EXRAYSという会社に所属していた時、『スーパーギャルデリックアワー（エニックス[*3]、2001年）』というゲームを担当しました。チーム内の新人は僕ひとりでスタートしたプロジェクトだったんですが、最終的にメインプログラマーとしてクレジットされたんです。大先輩みたいなすごい方と連名で、本当は彼こそがメインだったんですが、並列に表記してく

＊3　現・スクウェア・エニックス

れてうれしかったですね。

このゲームは、当時としてはかなり大変なものでした。当時3Dグラフィックデザイナーとして有名だった「ソネハチ」さんがデザインした美少女キャラクターをとにかくきれいに表現し、女の子が表示されているのを楽しむ……というようなゲームです。今の技術なら女の子をCGで表示するくらい簡単に思えますが、当時の『プレイステーション2（ソニー・コンピュータエンタテインメント、2000年）』では、ハイクオリティなCGキャラクターを複数、リアルタイムに操作できる形で表示するのは、なかなか大変なことでした。僕はその表示の最適化やミニゲームの開発を担当しましたが、とにかく大変で……燃え尽きました。

プロジェクト全体も大変だし、心のゆとりもまったくありませんでした。プロジェクトの後期には、土日も会社に出てきて、帰るのも深夜2時……という毎日で、すごくプレッシャーもかかっていました。そんな中で面白いものができるわけがないじゃないか、と思ったんです。

スーパーギャルデリックアワーは、エニックスという大手が発売したこともあって、ゲーム専門誌の『ファミ通（エンターブレイン）』[*4]でもかなり大々的に取り上げられました。ゲームファンの一人として、自分が中心になって関わったゲームがファミ通に掲載されたら、さぞうれしいだろう、と思っていたんですが……。

全然うれしくない。逆に「うれしくない」ことがひどくショックでした。

結果的に、このことが原因で僕は会社を辞め、別のサミーの子会社へ入ることになります。そこは「プレッシャーの中でゲーム開発がつまらなくなる」こととはまったく逆の環境でした。出社時間も固定されておらず、遅刻・欠勤も特に罰則がなく減俸の対象にはなりませんでした。だから満員電車に揺られて出勤する必要はなかったし、仕事の内容や進め方についてもかなりの自己裁量が認められていました。今のシリコンバレーのトップＩＴ企業はみんなこれに近い、と聞いていますが、ここは10年近く前からそういう環境でした。そこではソフト開発の他、ゲーム開発のためのコンサルティングもするようになりました。ゲーム業界に入った当時は、初歩的な数学がわからなくて３Ｄグラフィックスに苦労していた自分がコンサルまでやるようになったんだから、人間、変わるものだな、と思いましたね。ただ、最終的にその会社はサミー本体に吸収されたのですが。その際、出社時間の自由さはなくなってしまいました。

とはいえ当時は、それだけ自由な会社にいても、開発しているゲーム機の技術情報について、オープンに話すことはできませんでした。ゲーム機の開発情報は「秘密保持契約」に守

*4　現・KADOKAWA

られていて、一般には公開されていなかったし、他社のプログラマーと話し合うこともできなかったんです。現在は「ＣＥＤＥＣ」というゲームの開発者会議もあり、ここでノウハウを話し合うこともできるのですが、当時はそんなイベントもありません。でもやっぱり抜け道はありました。秘密裏に「裏メーリングリスト」が作られて、情報共有が行われていました。そこにはけっこうな大物プログラマーも所属していて、みんな困ったことがあるとそこで相談する、といったようなことです。もちろん、厳密に言えば契約違反ですから、みんな、本名ではなくハンドル名でやりとりしていました。転職する時、そこで知り合った人に誘ってもらったこともあります。ネットでのつながりが人生の転機に大きな役割を果たすのは、学生時代から変わっていないですね。

とにかく、当時のゲームプログラマーの働き方は、問題がたくさんあって、自分でも「なんでこうなっちゃったのか」という思いが強くありました。なのでこの頃になると、プロジェクトマネジメントの本をたくさん買ってきて、読み漁るようになりました。快適な開発環境とはなんなのか、プロジェクト管理はどうすればいいのか、といった情報に関する書籍を読んで、勉強した覚えがあります。そのことは、現在の会社経営に大きな影響を与えましたし、役に立ってもいます。

でも、会社経営に一番役に立った知識はゲームで得たものです（笑）。実際、『スタークラフト（ブリザード・エンターテイメント、1998年）』や『ウォークラフトII』といったゲームは、経営の要素がすごく多いんですよね。自分が持っているリソースをマネジメントして、人に指示を出すので。だから、会社をやる上で役に立ったんじゃないかな、と思っています。ゲーマーはいい経営者になれる素質を持っているんですよ。

その後、サミーを辞めてある開発会社の立ち上げに参加し、そこで出会った仲間と一緒に起業することになります。これが、現在僕が経営している「XVI（エクシヴィ）」という会社です。XVIという社名の由来は、僕の人生を変えたX68000。1991年に発売された上位機種である『X68000XVI』から取りました。XVIでは当初、大手メーカーなどから委託を受けてゲームを開発する、いわゆる開発下請けを中心にビジネスを行っていました。

しかしそれが、ある事件を境に、大きく変わることになるのです。

すごい技術を人に伝える方法

ある日、YouTubeに公開されたあるムービーを見て、僕は衝撃を受けました。それはアメリカの研究者、ジョニー・チャン・リーが、ゲーム機の『Wii（任天堂、2006年）』のリモコンをハックして作った「ポジショントラッキング」技術のデモ動画でした。

ポジショントラッキングとはなにか、ここでご説明しておきます。ポジショントラッキングとは、コンピュータに「自分がどの位置にいるか」という情報を伝える技術です。これがないと、VRは成立しません。

現実世界では、自分が動いたり見る方向を変えたりすると、見えるものが変わります。当然ですね。でも、CGではそうはいきません。3Dのゲームには「視線の方向を変える」機能があります。今だと、たいていはコントローラーの左スティックで自分のいる場所を移動し、右スティックで視線の方向を変えます。そうやって伝えないと、キャラクターが見ている方向を伝えられないからです。

実際に自分の体を動かすVRでは、コントローラーで方向を伝えても意味がありません。それだけでなく、体が感じている動きとコントローラーが伝える視界が異なるため、強い「酔い」を感じることもあります。そのため、頭や体の動きを、なんらかの手段を使って伝える必要があるわけです。

ポジショントラッキングという考え方は、VRが登場した1950年代から存在していましたし、1990年代にはそれを実現するテクノロジーも生まれていました。しかし、どれも個人で使うにはとても高いものばかりで、精度が高いものを簡単に使うことはできませんでした。

でも、ジョニーが公開した方法は、恐ろしくシンプル。Ｗｉｉという安価な家庭用ゲーム機の、それもコントローラーだけを使って、普通のディスプレイに「リアルな空間」を生み出していました。本来手に持つＷｉｉリモコンをディスプレイの前に設置し、光を発する「Ｗｉｉセンサーバー」と同じ仕組みを持つものを頭につけて動かすだけで、ディスプレイの中に「現実のように奥行きのある世界」が生まれたのです。ポジショントラッキングによって「自分がどちらを見ているのか」がわかるため、それに合わせてＣＧを書き換えると、自分に見える映像は、奥行きが表現されたものに感じられるわけです。

強調しますが、使っているのは「３Ｄディスプレイ」ではなく、普通のディスプレイです。ものすごく特殊な技術を使わないと実現できない、と思っていたものが、実はちょっとした工夫によって実現できると実証されたことに、僕は衝撃を受け

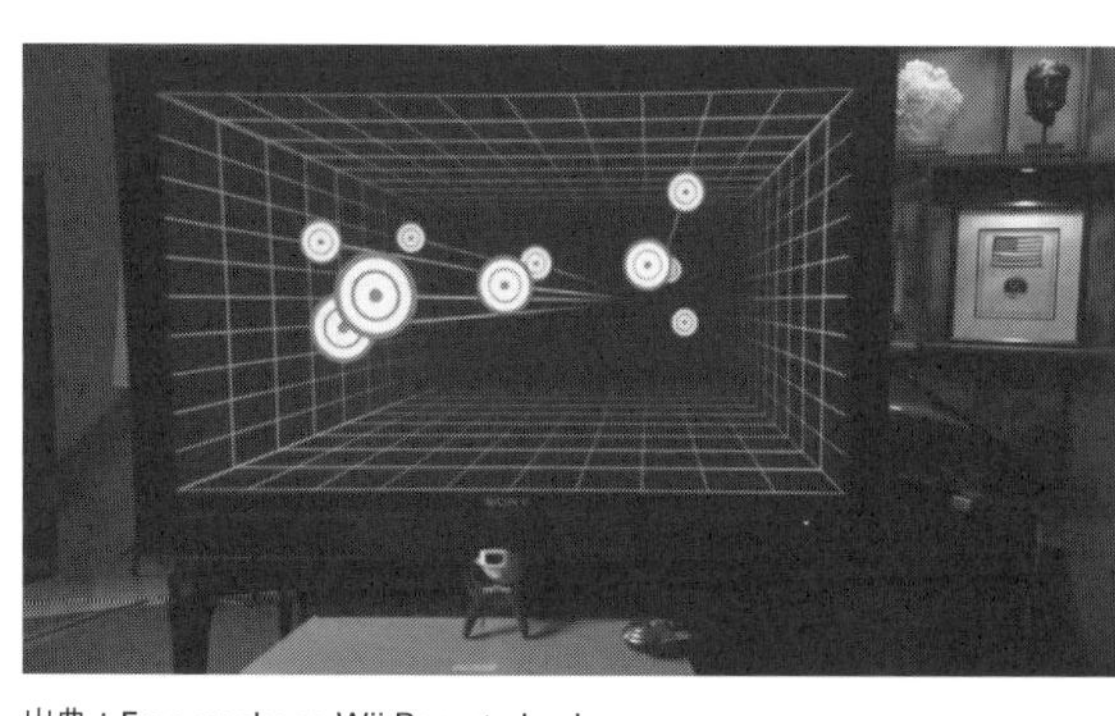

出典：Free or cheap Wii Remote hacks
https://www.ted.com/talks/johnny_lee_free_or_cheap_wii_remote_hacks#t-267702

ました。

このビデオを見た後、僕は、ジョニーが公開している技術情報にアクセスし、自分でも試してみました。確かに、簡単に同じことができます。

ただ、ジョニーの公開した情報は惜しかった。すごくシンプルな「丸い的」が表示されるだけで、多くの人は、すごさに気付かないかもしれませんでした。要は「コンテンツ」になっていなかったんです。

そこで、的だったものを初音ミクに変え、動画として楽しめる体裁に変えて、動画共有サイトの『ニコニコ動画』へとアップしました。ジョニーの動画では画面から的が飛び出てきましたが、僕の動画ではミクさんが飛び出た（口絵④）。結果、説得力がまったく違うものになったんです。この動画はそれなりに注目もされ、話題になりました。テクノロジーとコンテンツをちゃんと合体させると、面白い・新しいということが、より多くの人に伝わるんだ……ということがよくわかりました。

こういうことも、ＹｏｕＴｕｂｅやニコニコ動画のような動画共有サイトが生まれ、誰もが簡単に使えるようになったから実現したことです。パソコン通信の時代に動画なんてアップロードしても、誰も見てくれないどころか怒られてしまったでしょう。自分が面白いと思ったものを、実際に実験して、より面白そうな形にすれば「誰かに伝わる」とわかったんです。

昔から、新しいテクノロジーを見ると、それが進化して実現される世界が、なんとなく脳内には見えていました。でもそれって、そのままでは相手に伝わらないんですよ。だから学生時代は「パソコンをやめろ」とか「気持ち悪い」とか言われた。親に熱心に語っても、「そんなのを買うのはあんただけ」と言われたりもしました。

でも、今になって答え合わせしてみると、「ほら、あの時の予想は合ってたじゃん」ということが多いんです。クラスレベルの視点だと、自分の言うことを3人くらいしか理解してくれなかったのに、パソコン通信やインターネットの世界では違った。「こっちの世界に来ればこんなにたくさん、伝わる人がいるじゃん！　世界視点なら、同胞はたくさんいた」という衝撃でした。

新しいものや、自分が面白いと思ったことを人に伝えたい……。今になって思えば、これが、自分の中で大きなモチベーションだったように思います。子供の頃は、それがなかなかうまくいかなかった。

でも、現在の視点で考えると、伝えるためには「コンテンツ化」する必要があったんです。それが、この時にわかりました。

ちなみに、Ｗｉｉリモコンによるポジショントラッキングを発明したジョニー・チャン・リーは、マイクロソフトに入社し、さらにその後グーグルのＡＲプロジェクトに所属しました。

オキュラス・リフトの衝撃

ポジショントラッキングに熱狂したことでおわかりのように、僕はずっとＶＲ的なものに興味を持っていました。ＶＲは新しい技術ではなく、３Ｄグラフィックス技術などとともに、１９８０年代・90年代から、幾度も製品化へのアプローチが続けられてきました。実はファミコン向けにも「立体視用アダプター」があったんですよ。非常に原始的で、映像のクオリティも低いものですが。ソニーも１９９６年に『グラストロン』という、ヘッドマウントディスプレイを出していましたよね。ポジショントラッキングもなく、単に「目の前に映像が浮かんで見えるだけ」でしたが。

そうした技術は一通り試しましたし、「バーチャルリアリティ展」のようなものが開催されると、足を運んで試してみたりしました。でも、期待を超えるものではなくて「こんなものか」という感じで、少々落胆していました。ＶＲの概念はずいぶん前から存在するのに、それを実現する技術がなかなか出てこないからです。

しかし、その思い込みを１８０度ひっくり返す製品が登場します。それこそが、２０１２年に発表された『オキュラス・リフト』です。最初に知ったのは、クラウドファンディングを使い、最初の開発者向けモデル（後にＤＫ１と呼ばれます）の購入希望者募集が始まった、というニュースを読んだのがきっかけだったと記憶しています。面白そうだと思ったので、とりあえずすぐに購入の手続きをとりました。

ＤＫ１が自宅に届いたのは、２０１３年のゴールデンウィークのことです。自宅に届いたという知らせを聞いて、急いで帰って試しました。

その衝撃はすごかったです。

もちろん、今の水準から見れば、映像は拙いも

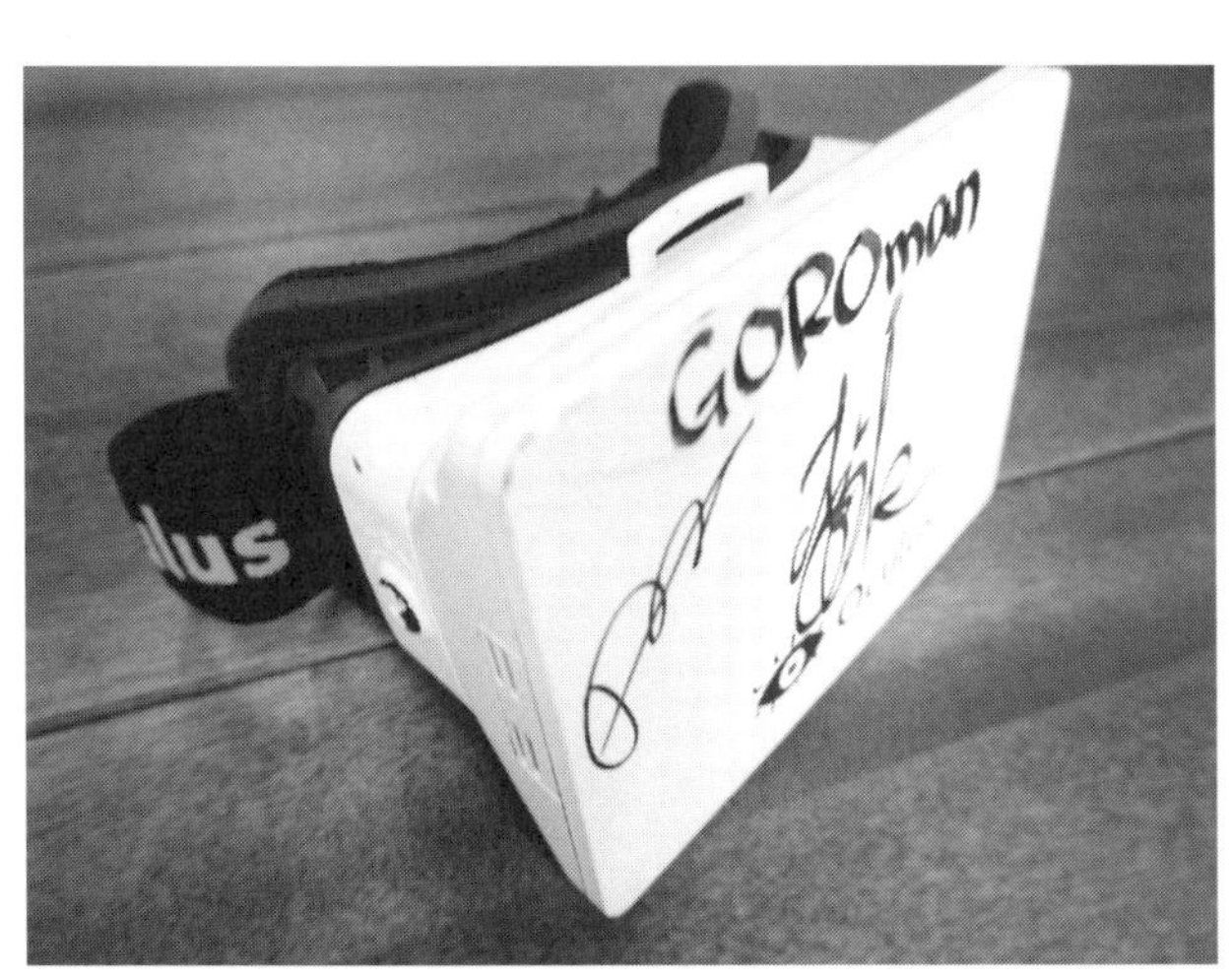

『オキュラス・リフトDK1』、著者私物。
著者とオキュラス創設者・パルマーのサインが入ったもの。著者によって白く塗装してある。

のでしたし、デモの内容にも問題はありました。すごく酔いやすいものだったので、すごさに気付きづらいところもありました。でも、オキュラスがやろうとしていたことは、僕が抱いていた期待値をはるかに超えていました。VRを謳う機器は多数ありましたが、これほど実在感・没入感があるものはありませんでした。それがまさに「コロンブスの卵」といえるシンプルな構造で実現されていたことに驚きました。

ちょっと説明してみましょう。

現在のVRは、主に人間の視界をコンピュータが生成した映像に置き換えることで実現します。視神経を乗っ取るような技術はまだSFの中にしかありませんから、「目に入る映像を、ディスプレイから出る映像で置き換える」ことになります。要は、目の前に風景とは別の絵を置いて、その絵の方を現実と錯覚させるわけです。このように、頭に取り付けて視界を映像で置き換えるディスプレイのことを「ヘッドマウントディスプレイ（HMD）」と呼びます。

ですが、これが意外と難しい。実際にやってみればすぐにわかりますが、問題は「視界」の大きさなのです。視界を完全に覆うように、目の近くにディスプレイを置いた場合、映像にピントを合わせるのは難しくなります。映像にピントが合うように目からの距離を離すと、今度は視界を覆うのが難しくなります。「目の前に四角い窓がある」感じになってしまうのです。人間の視界は意外なほど広く、左右方向には両目で120度ほどの範囲が見えます。しかし、目の前に普通にディスプレイを置くだけだと、水平方向の視野角としては、ほんの30度から40度しかカバーできません。そのため、オキュラス以前に登場したHMDは、「空中に四角い窓が開く」ような映像になるものがほとんどでした。だからこの頃のHMDでは「○メートル先に△型の大画面」という表記が使われていました。要は視界を置き換えてしまうのではなく、離れた場所に大画面が生まれる、という言い方です。でも実際には、大半の機種が「数センチ先に数インチの画面」にしか感じられませんでした。

これでは、現実のような没入感はなかなか生まれません。非常に特殊なディスプレイを使うことで、視野の問題を解決することはできます。しかし、特殊なディスプレイは高品質なものを開発するのが難しく、一般に普及していないのでコストもかなり高いものになります。

そこに出てきたのがオキュラスです。

先ほど述べたように、オキュラスは「コロンブスの卵」的な発想で作られていました。ディスプレイは別の機器に作られていたものの流用で、VR向けに作られた特別なものではありません。量産品であり、コストも高くないものです。しかし、オキュラスDK1の視界は、水平方向で約100度ありました。そのため、これまでのHMDに比べ、圧倒的な没入感・現実感を得ることができたのです。「酔ってしまう」という問題も、これまでの

HMDではなかったほどの没入感があったがゆえのトラブルでした。

特別なディスプレイを使わず、今までより格段に大きな視界を実現できた理由は「レンズ」と「生成する映像」にありました。オキュラスが使っていたのは巨大な魚眼レンズです。魚眼レンズを使って見た映像は、周囲が歪み、伸びたように見えます。視界が広がって見えたのはこのためです。ならここで、「歪んで見える」ことを逆手にとって、最初から映像を歪ませておいたらどうなるでしょう？　魚眼レンズで歪む効果によって、映像は「歪んでいるようには見えない」、正常な見え方に変わります。すなわち、映像は正常な状態のまま、視界だけが広くなるわけです。ディスプレイも安価ですし、レンズも決して高いものは必要ありません。映像を歪ませるために必要な計算も、今のコンピュータにとってはたいした負担になりません。だから、低コストかつ今までにない没入感のあるVRが実現できたのです。

DK1の開発キットは300ドル程度で配布されました。これは、従来のVR用HMDよりずっと安く、機能を考えれば完全に「破格」なものでした。

開発したのは、パルマー・ラッキーという若者を中心としたチームです。パルマー・ラッキーは南カリフォルニア大学で「FOV2GO」というプロジェクトに参加していました。これは、携帯電話に魚眼レンズのついた段ボール製のケースをつけ、視界の広い映像を安価で実現する、というプロジェクトです。これからアイデアを得て、「圧倒的な没入感を持つゲーム用ＨＭＤを作る」ビジネスとしてスタートしたのがオキュラスだったんです。

とにかくすごさを伝えなきゃ！

この逆転の発想に、僕は、ジョニー・チャン・リーのポジショントラッキングに触れた時と同じ衝撃を感じました。そして同様に、「このままでは、このすごさが伝わらない！」と思いました。これはすごいが、このままでは誰にも使われない。僕が伝えなきゃ！　と思ったんです。

だから、届いた瞬間に試したし、すぐにデモを開発して、ＹｏｕＴｕｂｅにアップロードしました。実は、ＤＫ１の到着は予定より遅れていたので、ＤＫ１がない状態でいろいろなソフトを試しに作っていたんですよ。でも、実際にＤＫ１が届いて、その上で試してみると、インパクトがまったく異なっていました。ゴールデンウィークのことだから、「面倒だし、もうちょっと後でも」と思う人もいたはずなんです。でも僕は「面白い」と思ったら止められなかった。

最初に作った、ダンスを踊るＰＶのようなものは、そんなに注目されませんでした。なので、ゴールデンウィークを完全に返上して作ったのが、初音ミクを使った、「はじめに」で紹介した「Ｍｉｋｕｌｕｓ」の初期バージョンです（口絵⑤）。初音ミクを使ったことで、これはかなりの注目を集めました。「テクノロジーとコンテンツが合体して」いたんですね。

キャラクターが画面の向こうにいる、という体験は、ゲームなどで日常的に感じていたものでした。でも、オキュラスでＭｉｋｕｌｕｓを動かしてみると、なんというか、テレビとかパソコンでやっていたこととまったく違う印象があって、感動しました。ものすごく「そこにいる」感があったんです。今まではディスプレイの向こうにしかいなかったキャラが、ついに目の前にいるかのような体験ができる。しかもたった３００ドルで！　そこにまず衝撃を受けました。

さらにソフトを改造し、「視線を合わせる」ような機能や、ランダムに「まばたき」をする制御を入れると、さらに「そこにいる」感は高まっていきました。やっていることは単純なんですよ。自分が顔を動かした時に、それに合わせてこちらを見たり、適当なタイミングでまばたきしたりするだけなんですが。でも、Ｍｉｋｕｌｕｓの中でキャラクターがずーっとこちらを見つめてくれると、その瞬間なんとも言えない気持ちが生まれました。もう映像と思えなくなるというか、「生きてる！」という気持ちです。本当にシンプルなことしかしていなかったのに、それで十分「実在感」と「生きてる感」があって、ＣＧキャラクターが持つ、ある種の不気味な感じを超えちゃったんです。

これはすごい、なによりもみんなに伝えたい、と思ったんですよ。だから、すぐにＰＶを作りました。その動画は、まだＹｏｕＴｕｂｅに残っていますよ。

僕がＭｉｋｕｌｕｓで「キャラクターの表現・リアリティ」にこだわったのは、『スーパーギャルデリックアワー』での心残り、というかやり残したことがあったからです。当時は、キャラをいかにかわいく、生々しく描くかに心を砕いていました。スーパーギャルデリックアワーのキャラクターを作ってくれたソネハチさんとは、ずいぶんディスカッションを重ねながら開発したのですが、当時の自分ではやりきれなかったことがたくさんありました。

その後、自分が開発していたものは、スーパーギャルデリックアワーとはずいぶん違ったものだったのですが、個人的にいろいろ考えていたこともありました。要は、心残りがあってずっと「もやもや」していたんです。

だから、Ｍｉｋｕｌｕｓを作る時には、スーパーギャルデリックアワーでは思いついていてもできなかったこと、「本当はこうしたかったんだ！」ということを表現してみました。

結果的にはそれが、「キャラクターがそこにいる感じ」を生み出すことになったんです。

Mikulusが「ミク」であったわけ

僕は様々なVR関連技術のデモのキャラクターとして、初音ミクを選択してきました。でもですね……。意外に思われるかもしれませんが、最初の頃は熱心な初音ミクのファン、というわけではなかったんです。

初音ミクを選んだ理由は、それが「ある種の決まりごと」だったからです。ニコニコ動画には「技術部」と呼ばれるコミュニティがあって、個人的に作った技術やアプリ、ガジェットなどの動画が多数アップロードされていました。そこでモチーフにするのは初音ミク、というのがなんとなくのルールだったんですよ。

CGの世界では、論文のデモにはティーポットのモデルを使う、という伝統があります。これは、CG開発の初期、1975年にユタ大学のマーティン・ニューウェル氏が書いた論文でティーポットを採用し、そのデータが共有されていった……という由来があります。まあ、ある種の内輪ウケです。画像圧縮の論文では1972年のプレイボーイに掲載された、レナ・ソーダバーグというモデルの写真が使われることが多く、通称「レナ画像」なんていうのですが、これも内輪ウケです。そういうある種のルールがあるなら、それには従った方がコミュニティを荒らさないだろう……くらいの気持ちでした。

実際、その発想は正しかったと思います。コミュニティにはすんなり受け入れられましたし、ミクが好きな人たちの間でまず注目されました。実は、Mikulusが最初に注目されたのは日本ではなくて台湾なんですよ。台湾に、オキュラスの初期ユーザーでミク好きなEjiさんという方がいて、「台湾の初音ミクイベントに、Mikulusを展示したい」という連絡をくれたんです。その時はもちろん、面識もなかったんですが、オキュラスも届く前から推している、すごく熱心な方だったので、僕も快くMikulusを展示のために渡しました。

たまたまなんですが、そのイベントに参加するために、日本からもメディア関係者を含め、たくさんの初音ミクファンが台湾を訪れていたんですね。結果として、そんな日本の方も含め、展示されたMikulusには行列ができる騒ぎになりました。ツイッターでは「Mikulusすごい」みたいなバズも起きていて、僕としてもうれしかったですし、励みにもなりました。

実はこの頃、「Mikulus」という名前は存在しなかったんです。バズったので名前をつけなきゃ……ということで考えた、くらいのものです。今は「ミクと暮らす」という意味で「Mikulus」、としているのですが、それは後付けでして、当時はミク＋オキュラスでＭｉｋｕｌｕｓ、という単純な発想でした。

ツイッター上でＭｉｋｕｌｕｓの話題が増えると、国内でも「体験したい」という人が増えてきました。現在はＶＲ関連の開発会社を運営している桜花一門さんや、ＶＲ関連企業「バーチャルキャスト」ＣＴＯのＭＩＲＯさん、後に僕と一緒にオキュラス・ジャパンの立ち上げメンバーとなる井口健治さんたちとは、そうした経緯で知り合いになりました。オキュラスＤＫ１は、当時日本には数十台も入ってきていなかったと思います。当然、体験した人も非常に少ない。そこで、オキュラスＤＫ１を持ち寄って、僕の会社でちょっとした体験会を開きました。この時に、日本の初期のＶＲコミュニティの芽ができた、といっても過言ではないと思います。その体験会が開催されたのは５月22日のことです。ＤＫ１が僕のところに届いてから、たった１カ月の出来事でした。

その後、桜花さんの旗振りにより、一般向けのオキュラス体験イベントである「ＯｃｕＦｅｓ」が、８月に秋葉原で開催されました。といってもその時は、知り合いのハンバーガーショップを借りて行う、テストイベントのようなものです。そうした意味も込めて「第０回」としていたのですが、メディアで事前に取り上げられたこともあり、会場には長蛇の列ができてしまいました。その後ＯｃｕＦｅｓは本格的なイベントになり、現在はＶＲ全体のイベントである「ＪａｐａｎＶＲＦｅｓｔ.」になっています。

まさにコミュニティの盛り上がりが、日本におけるVRの盛り上がりを支えていたんです。

会社そっちのけでエヴァンジェリストに

僕にとって、オキュラスはまさに「衝撃」でした。技術としてはまだ拙いものの、こういうことが今実現できるのであれば、将来的にVRが一般のものになる、と確信できたからです。Mikulusを作ったり、様々なPVをネットに公開したりしたのも、その衝撃を理解してほしい、という一念からでした。とにかくやらなきゃ、伝えなきゃいけないという意識が強くて、もう暴走状態。

PVを公開した後にやったのは、ヤフーオークションへのオキュラスDK1の出品数を確かめることです。開発者向けキットであるDK1は、オキュラスが「興味のある開発者に出資を募る」、いわゆるクラウドファンディングの形で販売されました。このクラウドファンディングに参加した人はそんなに多いわけではなく、全世界で9000人くらいだったはずです。そのうち日本人の割合は200人くらいでしょうか。でも、そのうち何台かが、いきなりヤフーオークションに出品されていました。おそらく最初から、転売が目的だったんでしょうね。2台くらいあったと思うんですが、クラウドファンディングで手に入る価格よりもかなり高い値付けでした。それでも、とりあえずすぐに手に入れました。とにかく予備のオキュラスが欲しかったんです。

僕はその頃、毎日バックパックにオキュラスとパソコンを入れて持ち歩くようになっていました。会った人すべてに、すぐにオキュラスでのVRを体験してもらうためです。友人はもちろん、会社の人間にも、社外の人にも、飲み会の席でも、果ては飲み会で使ったお店の店員さんにまで、オキュラスをとにかく体験してもらっていました。

ここで、自分が手に入れたオキュラスDK1が壊れたら、この「伝道活動」が終わってしまうんです。持ち歩き用の予備と、会社に置いておくもの。その2つをとりあえず手に入れました。が、私の「オキュラス買い増し」はこれだけでは終わりません。最終的に、会社には十数個のオキュラスDK1があったと思います。会社のエレベーターホールの横に、空き箱がピラミッドのように積んでありました。知り合いに「使ってみて！」と言って、あげたりもしていました。

オキュラスを手に入れた2013年5月の段階では、やはりどちらかというとVRは「僕の趣味」みたいなものだったと思います。でも状況が見えてきて、6月・7月になると、「この世界は確実にビジネスになる」と確信していました。正確にいえば「VRを仕事にしたい」と思うようになっていました。

仕事のために他社に訪問しても、本来の案件はそっちのけでＶＲの紹介をしていました。「こんな仕事はそのうち終わります！　これからはこれです！」なんて話して。横では弊社のスタッフが青い顔をしていました。今思えばとんでもない話ですよね（笑）。でも、脳が完全に切り替わって、ＶＲを仕事にすることに能力を全振りしているような状態です。

当時、社内にはちょっとしたバーカウンターがあって、よく飲み会をやっていました。そこでも社員を捕まえては熱弁を振るってました。「これにはインターネットやスマホと同じ匂いがする」って。

でも、社員からすると、わけがわからない状態だったでしょうね。いきなり社長がわけのわからん技術に全力投球し始めて、毎日会議室では体験会をやっている。夜７時になれば、いろんな人が集まってきて、もうパーティ状態。「こいつなんなの？」って思われても不思議ではありません。実際、後日僕がさらにＶＲへの注力を進めると、会社を離れていった社員もいます。当時20人前後の会社でしたが、そのうち５、６人が退社しています。

一方で、とにかく人づてに、いろいろな分野の人にオキュラスを見せて歩いたことで、「ＶＲでビジネスを考えるならまずこの人に相談」という認知が得られたようにも思います。とにかく、会う人・弊社に来る人には全員にオキュラスを体験させましたから。

そんな中に、ガイナックス立ち上げメンバーの一人で、アニメ制作会社・ゴンゾの創業者である村濱章司さんがいました。村濱さんはオキュラスのVRをすごく気に入ってくれて、KADOKAWAの井上伸一郎さん（現・代表取締役副社長）や、メディアファクトリーの成田さんたちを紹介していただけました。他には、DMM会長の亀山敬司さんやフィールズ、バンダイナムコなどにも見せに行きましたね。亀山さんに見せることになったきっかけは、堀江貴文さんが体験して、「ぜひ亀山さんにも見せてもらえないか」と言ってきてくれたことです。その時は、友人で、ゲーム開発ツール会社・ユニティ・テクノロジーズ・ジャパンの社員だった伊藤周さん（現在は独立し、ゲーム関連コンサルティング企業オーナカを経営）を通じての打診だったと思います。伊藤さんに話がきたんですが、「VRといえばこの人なんで」ということで僕を紹介してくれて、デモを見せに行った形です。最終的に、DMMはVR向けにアダルトなどの映像コンテンツを提供する事業を始め、かなりの成功を収めることになりますが、そのきっかけは、ここで生まれたんです。

なぜそんなに熱心だったか？　というと、そこには自分の中での反省が一因としてあるんです。

昔から、技術を見ていて「将来こうなる！」という発想はすぐに出てくるんですが、どういえばいいのか……作っても早過ぎて、理解されず、大きなビジネスになる前にやめちゃうことが多かったんです。

パソコン通信も、意地になってずっとやっていれば、今のSNSのようになったかもしれない。その発想はあったんです。インターネットが普及し始めた時にも、「これからはネットゲームが来る！」と直感していました。実際、ネットゲームの企画を持って、ソニー・ミュージックなどにプレゼンしたこともあります。でも実際には、そこで「まだ早すぎるから」「これはよくわからない」と言われて、周りに止められてしまった。

そういう発想はたくさんあるんだけど、毎回あまり持続せずに終わっていて。……要は飽きちゃったんですけど。

しかし、今回は、VRはとことんやってみようと思ったんです。

自分が「来る」と信じたものは、いつも結果的に「来ている」。でも毎回、「あのままやっておけば大成功したのに」と思うところでやめていることに、思うところがあったんですよ。

インターネットが生まれた時、シェアウェアでいきなり200万円儲かったわけですよね。そこで「インターネットを便利にするシェアウェアをたくさん作る」ことにコミットしていれば、また違う人生だったかもしれない。でも、僕はゲーム業界に入った。

ゲーム業界では「絶対ネットゲームがヒットする！」と思い、実際開発もしてみたけれど、本当に流れが来る前にやめてしまっていた。毎回、新しい波が本当のビジネスになる前にシフトしてしまっていて、ずっと機会損失しているんですよ。やっぱり新技術は、一般に認知されるまでにタイムラグがある。

だからＶＲでは「とことんやってみよう」と決めたんです。今までの経験でいえば、最初に「来る」と思ってからだいたい７年後に一般化します。だから２０２０年位まではやるぞ！　と、自分の中で覚悟を決めていたんですよ。

その結果として、ＶＲについてのヒヤリングやコンサルティングを希望する人が、僕のところを訪れてくることが増えていきました。２０１３年当時、世の中にはまだ本格的なＶＲ機器がＤＫ１くらいしか存在しなかったんですが、いくつかの企業から、イベント向けＶＲコンテンツの開発を依頼されています。その傾向は今後も続き、弊社のビジネスの主軸となっています。ただしこの頃は、こちらからの持ち出しも多く、ほとんど儲かっていませんでしたが。

とはいえ、当時のＸＶＩはあくまでゲーム開発のために作った会社です。ですから、ＶＲを本気でやるならば、別の会社を立ち上げるべきか……という検討もしていました。そのために事業計画を立てたり社名を考えたりしているうちに、状況は、また別の形に流れていくことになります。

その変化は、たった１本のメールから始まりました。そしてそのメールは、僕のＶＲ人生を本当に大きく変えてしまうことになります。

オキュラスを「おま国」にしないために

2013年半ばになると、僕は「オキュラスを日本に持ってこよう」という、強い使命感を持つようになっていました。その意識がいつ芽生えたのかは、今はもうきちんと覚えていません。

カナダでインディー系のゲーム開発者イベントがあって、そこにオキュラスが出展していたんですよ。たまたまそのイベントに、友人も出展していたんですよね。ツイッターで「オキュラスが来ている」と彼が言うので、「じゃあ、オキュラス・ジャパンを作るつもりがあるか、聞いてみて」とお願いしたんですよね。そうしたらその返事は「作る予定はない。なんなら、君たちが作れば?」というものだったんです。

きっと先方にしてみれば、軽い冗談のつもりだったであろうと思います。でも僕は「じゃあ作ろう」と思った。そこに義務感・使命感が生まれたんです。

日本はIT産業では、すでに後進国です。アメリカなどで新しいものが生まれても、言語や文化、法制度の違いがあって、なかなか日本に入ってこなくなりました。結果、どんどん世界から置いていかれてしまう。

世界では発売するが、日本では売っていない。こういう状況を、ネットのスラングでは「おま国」といいます。「お前の国には売ってやんねーよ」の略です。VRをそんな状態にはしたくなかった。

なら、誰がやるのか？　もう僕がやるしかない。

当時僕には、そんな使命感が生まれていました。ツイッターにも、その意気込みを書き込んでいます。

そこで、ある人に相談をしました。メディアファクトリーの成田さんです。当時部下だった池田輝和さんとともに弊社を訪れ、VRの可能性について、いろいろとディスカッションもしていました。

特に池田さんは、オキュラスを本当に気に入ってくれたんですよ。僕は英語が苦手ですが、池田さんは英語が堪能です。そこで池田さんは、オキュラスに、日本での販売を含めた取り扱い状況について、問い合わせのメールを送りました。実は、KADOKAWAの新規事業部が軸になり、日本でオキュラスのビジネスをする、という話が出たんですよ。池田さんはそのために、交渉の糸口としてオキュラスに連絡をしたんです。

でも、オキュラスからはなんの返事もありませんでした。当時オキュラスの問い合わせメールアドレスは「ブラックホール」って呼ばれていました。ビジネスの話にしても取材の話にしても、いくら先方に連絡しても返事がない。だから、その辺については若干諦めていた部分があります。日本でオキュラスにアプローチをしていたのは我々だけではなかったはずなのですが、どこにも返答はなかったようです。当然、我々にもです。

それが突然、2013年の12月になって、オキュラスから1本のメールがやってきました。「2014年のCESに、招待者のみが入れるクローズドなブースを作る。その中で、新型の試作機を体験できる」と書いてありました。数カ月も音沙汰なかったものが、なぜ突然返事をしてきたのか？　その理由は今もわかりません。ひとつだけ思い当たるのは、メールをメディアファクトリーの親会社でもある「KADOKAWA」の名義で送っていたことです。そのことは後に、非常に大きな出会いにつながっていきます。

CESとは、毎年1月の第2週に、アメリカ・ラスベガスで開催される、世界最大級のテクノロジーイベントです。長らく家電が中心となっていましたが、近年は通信やサービス、電気自動車に自動運転など、テクノロジー分野全般をカバーする巨大なイベントになっています。オキュラスはここに小さな関係者だけが入れるブースを作り、本格的な個人市場向け製品の出荷に向けた商談を進める予定だったのです。

僕はもちろん、急遽渡米することに決めました。成田さんと池田さん、3人での渡航です。ところがです。

海外なんてずいぶん行っていなかったので、僕のパスポートは期限が切れていました。1月には渡米しなくてはいけないので、もう時間がありません。なにしろ、パスポートの申請に行ったのは12月20日。通常は受け取りまで1週間程度ですが、年末は混み合いますし、お休みに入ってしまったらもうアウトです。そこで、無理やり責任者の人にお願いして事情を説明し、なんとか口説き落として、4営業日で発行してもらいました。ですから、パスポートの発行日はクリスマスイブです。

2014年のCESは、1月7日からスタートします。出発日は、自分の会社であるXVIの新年会の日でした。その時、僕はベロンベロンに酔っ払い、社員に向かってこう宣言してしまいます。

「俺はもうVRに100%コミットする!」って。

もう、社員全員ポカーン、ですよね。

ベロンベロンに酔っ払ったままスーツケースを抱えて空港に行こうとする僕を、社員の川口くんが送ってくれました。

こうして、僕らとオキュラス・ジャパンの運命を変えるアメリカ旅行が始まったのです。

パルマー・ラッキー来襲

CES会場のオキュラスのプライベートブースは、本当に小さなものでした。黒い壁に囲われた「箱」のような場所で、アポイントがなければ誰も入れません。プレス関係者ですら追い返されていました。僕たちはアポイントがあったので、厳密な確認の後、中に入ることができました。

アポイントが取れていたのは、当時オキュラスのプロダクトマネージャーだった「ジョー」ことジョセフ・チェンと、ワールドワイドビジネス担当の社員の2人です。彼らとビジネス上の話し合いをする……という約束になっていました。

話し合いがスタートして少し経過した時のことです。突然、ミーティングルームの扉を開けて、若者が飛び込んできました。

「君たちKADOKAWAの人なんだって⁉『ソードアート・オンライン』すっごい面白いね！　PSP版のゲームはイマイチだったけど。もうすぐ日本では第2期の放送が始まるんだって？　僕、絶対見るよ！」

ものすごい早口でしゃべるんだけど、全然VRの話でもなんでもない。彼が話し始めた

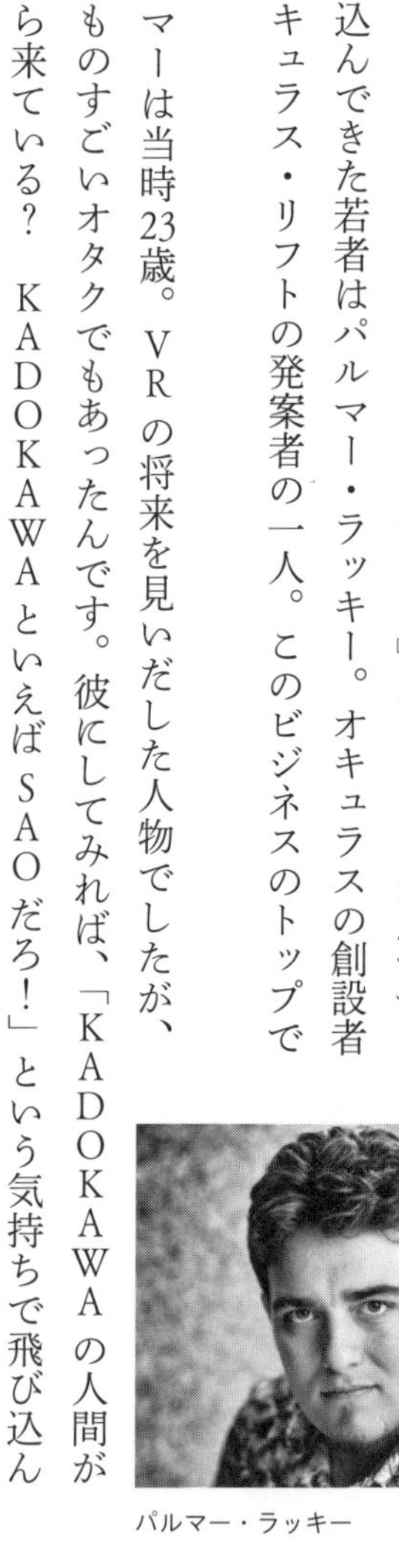

のは、KADOKAWAから原作小説が販売され、アニメにもなっている『ソードアート・オンライン（SAO）』のことだったんです。

飛び込んできた若者はパルマー・ラッキー。オキュラスの創設者で、オキュラス・リフトの発案者の一人。このビジネスのトップでした。

パルマーは当時23歳。VRの将来を見いだした人物でしたが、同時にものすごいオタクでもあったんです。彼にしてみれば、「KADOKAWAの人間が日本から来ている？　KADOKAWAといえばSAOだろ！」という気持ちで飛び込んできたようです。

パルマー・ラッキー

SAOは日本のみならず、世界のアニメファンに人気の作品でした。重要なのは、その背景となっているのが「VR技術」だったことです。画期的なVR機器である「ナーヴギア」を介して遊ぶネットワークRPG「ソードアート・オンライン」の世界から出られなくなった主人公たちを描く作品ですが、そのVR関連の描写も高く評価されていました。パルマーは、付き合っている彼女の影響でSAOが好きになったようですが、VRとの関係もあり、非常に気になる作品になっていたようです。部屋に飛び込んできて、いきなりSAOに対する思い入れを話し始めるとは、誰も予想しない展開でした。だって、パルマーとはアポイントがとれていなかったんですから。

「オキュラスにもナーヴギアモデルがあるといいのにね」とまくし立てるパルマーに対して、池田さんは「オッケー！　それいいね」と答えます。KADOKAWAの人間が自分のアイデアに賛同してくれたんだから、パルマーもさらにエキサイトしますよね。でも実は当時、池田さんはSAOのことを全然知らなくて、ナーヴギアがなにかも知りませんでした。反射的に調子を合わせただけだったんですが。

すかさず、僕たちは用意してきたプレゼンテーションを見せます。これまでにやってきたこと、Mikulusを作ったことなどを伝え、ちょうど持ってきていた『RICOH THETA（リコー、2013年）』というカメラもデモしました。THETAは360度、自分の周囲全体を撮影できるカメラで、当時発売されたばかりだったんです。VRとは非常に相性のよい製品でした。これも、パルマーにはすごく気に入ってもらえたようです。

SAOやアニメの話を怒濤のようにしゃべって、パルマーは部屋を出ていきました。部屋にいた時間は、ほんの5分か10分だと思うのですが、まさに「怒濤」の展開です。その日の話し合いは、ほとんどそれで終わってしまいました。

その時に思ったのは、「この人は本物のアニメオタクだ！」ということです。本当にアニメとVRが好きで、その知識や愛情は付け焼き刃のものではない。日本から来た客へのリップサービスなんかではない。ただ者ではない、本物のオタクでした。

その瞬間、僕の脳裏に次の作戦が閃きました。

調べてみると、パルマーはCESの後、シアトルで開かれる「SteamDevDays」に参加することがわかりました。CESが終わって、たった1週間後です。まったく参加する予定はなかったのですが、僕は急遽参加することに決めました。狙いはもちろんパルマーです。

すぐに会社に連絡し、アニメが好きでSAOにも詳しい社員に、SAOのグッズを一揃い集めさせました。コンビニエンスストアで「一番くじ」というSAOのグッズが当たるキャラクターくじをやっていたので、とりあえずそれを全部買い占めて、用意させました。

帰国して会社に戻ると、すぐシアトルへ渡米する準備です。スーツケースには、買い占めたSAOや初音ミクなどのグッズを詰め込みました。そしてシアトルでのイベントに乗り込み、再びパルマーに面会したのです。手土産として、トランクいっぱいのアニメグッズを持って。彼に直接、オキュラスを日本に広めたいこと、そのためにオキュラス・ジャパンを設立し、自分たちに運営させてもらいたい、ということを訴えました。

僕はずっとプログラマーをやってきました。本書をお読みになればわかるように、昔はコミュニケーション能力がゼロでした。でも、相手が気に入るお土産を用意して交渉にあたるのは、そんなプログラマーのやり方というより、有能な営業担当者の手法のようで、ずいぶん変わったように見えるかもしれません。僕も社長になって、自分で営業しなければいけない時期がありました。また、ゲーム開発のコンサルティングを行っていた時期に、コミュニケーション力が磨かれた、ということもあったでしょう。

実はパルマーに採った「SAOグッズお土産作戦」は、ある本に強い影響を受けたものです。東京ディズニーランドができるまでを描いた『「エンタメ」の夜明け ディズニーランドが日本に来た！（講談社、2007年）』の中に、誘致の際に行われた、堀貞一郎さんのプレゼンテーションチームの様子が書かれています。移動のためのバスの中では、常に相手の好みの酒を提供した……というエピソードがあるのですが、そんなことができた理由は、徹底したリサーチを行った上で、可能性のある酒をクーラーボックスに入れ、全部持ち込んでいたからなんですね。その箱から「魔法」のように相手が望むものを取り出して見せたので、大きなインパクトを残せた。

このプレゼンテーションの様子が、僕の心に大きく残っていました。なので、パルマー相手にアニメグッズで同じことをすれば、印象に残るだろう……と思ったんです。

パルマーは非常にオープンな人間です。当時すでにかなりの有名人になっていましたが、イベント会場を一人で自由に歩いていて、声をかけられれば気軽に応対します。その時も、彼を見つけ、オキュラス・ジャパンの設立を強く呼びかけました。もちろん、大量のお土産を渡しながらです。彼は「そこまで言うなら、考えてみるよ」と答えてくれました。もちろん、SAOグッズには大喜びですよ。

次のミーティングは、2カ月後にサンフランシスコで開催される、ゲーム開発者会議「GDC」で、と決まりました。シアトルに行ったのは私だけですが、サンフランシスコには、オキュラス・ジャパンの立ち上げメンバーが揃って行くことになりました。私と池田さん、そして、オキュラスユーザーのゲーム開発者で、オキュラス・ジャパン立ち上げに合わせて転職を決めていた井口健治さんです。その時の話し合いで、我々3人が中心となり、オキュラスの日本部隊である「オキュラス・ジャパン」の設立が決まりました。

ところがその裏では大変なことが起きていて、日本に帰国したばかりの我々を驚かせることになるのです。

え、フェイスブックに買収?!

帰国した我々を待っていたのは、信じられない大ニュースでした。

3月25日、フェイスブックがオキュラスを買収する、と発表したのです。買収額は約20億ドル(約2100億円)。技術開発の途上で、本格的な製品の発売を控えた企業の買収としては、かなり破格なものです。

僕らは買収の直前、パルマーやジョーとオキュラス・ジャパンの設立について話し合いをしていたわけですが、もちろん、フェイスブックによる買収の件など、おくびにも出しませんでした。でも確かに今考えると、彼ら、とても忙しそうではあったんですよね。帰国した僕ら3人は、買収の一報を聞いて、とにかく驚きました。

フェイスブックへの買収を決めたのは、当時オキュラスのCEOを務めていたブレンダン・イリーブです。オキュラスというハードウェアを作ったのはパルマーですが、彼は技術者ではあるものの、経営者ではありません。だって、クラウドファンディングを始めた頃、パルマーはまだ21歳でしたからね。ブレンダンも当時30歳前後でかなり若かったのですが、それでもすでに、いくつものベンチャー企業を立ち上げて成長させ、他社に売却後、また別の企業を立ち上げる……というサイクルを繰り返す「シリアル・アントレプレナー」として、着実に実績を重ねていました。オキュラスは、ブレンダンが経営の部分を担当し、VRに関するビジョンの部分をパルマーが担当する……という分業体制を取っていました。このことは、オキュラスという会社を立ち上げるためには必要なもので、パルマーも「ブレンダンがいてくれたから、自分はビジネス以外のことに集中できた」と、「ブレンダンに感謝している」と話しています。

ですが、ブレンダンがオキュラスの成長のためにフェイスブックの一部になる戦略を選んだことは、その後、オキュラスに様々な影を落とすことになっていきます。

実は当時、経営トップだったはずのブレンダンは、オキュラス・ジャパンができることをまったく知りませんでした。僕たち日本チームができることは、パルマーとジョーの独断のようなものだったんです。正直なところ、ブレンダンが純粋にビジネスの視点で判断したら、オキュラス・ジャパンはできていなかった可能性があります。僕が予想していた通り、初期の販売国選択から日本が漏れ、発売が後回しになっていた可能性は高いでしょう。

なぜなら、日本よりもビジネス環境の整った国はたくさんあったからです。

日本市場の問題点は、高性能で最新のグラフィックを表現できる「ゲーミングPC」の普及率が低いことです。VRの体験には、高性能なグラフィック性能を備えたパソコンの存在が不可欠でした。それに対して日本は、ゲームといえば家庭用ゲーム機が主流で、特に2013年頃には「スマホ用のゲームが、家庭用ゲーム機の市場を食う」ともいわれていました。オキュラス普及の大前提となるゲーミングPCの市場は小さいだけでなく、今後拡大の余地も小さい……という分析がありました。CESの時に交渉した際も、「PCでのゲームユーザーが少ない日本で、オキュラスの市場が広がる可能性はあるのか」という点が問題視されました。その点について僕たちは、「アミューズメントセンターのような業務用のニーズもあるし、シミュレーション用など、非ゲーム分野での活用の可能性は大きい」と説明していました。

どちらにしろ、単純に数字だけを比較するなら、日本よりも短期的に有利な市場はたくさんあるんですが、パルマーが日本に対して強いシンパシーを感じてくれていたこと、ジョーが僕たちの熱意を酌んで協力してくれたことがあって、オキュラスが正式に日本でも販売される運びになったんです。この点は、いくら2人に感謝してもしきれるものではありません。

「スーさんシステム」で動く独立部隊

オキュラスがフェイスブックに買収され、VRへの注目も急速に高まっていく……という予想外の出来事はあったものの、とにかく、僕・池田さん・井口さんの3人は、オキュラス・ジャパンとして活動するための準備を始めました。

僕たちの最初の仕事は、7月にロサンゼルスで開催される「AnimeExpo」に展示するVRのデモを提案し、開発することです。題材は、ズバリSAO。パルマーを口説き落とした、VRを舞台としたアニメのコンテンツを作ることになったのです。SAOに登場する「ナーヴギア」の映像を再現し、オキュラスで体験してもらうものを制作することになりました。

とはいえこの仕事、実は正確には、オキュラス・ジャパンの仕事ではないんです。パルマーが「VRを知ってもらうため、なにかオリジナルのコンテンツを作って、AnimeExpoやコミコン[*5]に出展したいんだよね」という相談を受けたのが始まりです。そこで権利元であるKADOKAWAさんに話を持っていき、パルマーも好きでVRに親和性の高いSAOのコンテンツを作ることになったんです（口絵⑥）。2014年3月には、DK1の次の開発キットで、より進化した「DK2」の出荷が始まっていたので、それを使ったデモンストレーションを作ることになりました。SAOはバンダイナムコさんからゲーム化されていましたから、彼らとのコラボレーションの形です。結果的にこのコンテンツは高い評価を受けて、世界中のアニメ・ゲーム関連メディアで報道されることになります。

実はこの時は、「オキュラス・ジャパン」という会社が設立されていたわけでも、我々がフェイスブックの社員になったわけでもありません。オキュラス・ジャパンはまだ法人ではありませんし、そのタイミングでは契約すら交わしていなかったので、あくまでＸＶＩが開発を請け負う形だったのです。しかし僕たちにとっては実質的に、オキュラス・ジャパンとしての初仕事だったのです。ＡｎｉｍｅＥｘｐｏ開始時を契約日として、僕たちはコントラクター、すなわち、オキュラスとの間で契約を交わしたパートナー、という扱いになりました。正確には、この日に「オキュラス・ジャパン」が生まれたのです。フェイスブックの社員という扱いになるのは２０１４年10月のことです。それまでは社員ではないですから、フェイスブックのオフィスは使えません。だから、半年くらい、オキュラス・ジャパンのオフィスは、僕の会社の会議室だったんです。

１月に酔っ払ってアメリカへ旅立っていった社長が、いきなり別の会社への参加を決めて帰ってきたのですから、ＸＶＩの社員としては、さらに「ポカーン」という感じだったでしょう。本当に彼らがどう感じていたのかはわかりませんが、はっきりいってめちゃくちゃです。

この後僕は、オキュラス・ジャパンの仕事に専念しなくてはいけない状況になりました。

＊5　アメリカで開催されるテクノロジーとポップ・カルチャーのイベント。規模はアメリカでは最大級で、２０１６年からは『東京コミコン』も開催されている

ただし、XVIには社員もいますし、会社を潰すわけにはいきません。かといって契約上、僕がオキュラス・ジャパンの人間であることを口外できず、それを使って営業活動をすることも当面できません。採算度外視で、逆にサウンド使用料を10万円くらい弊社から払っていたりする。そのくらい、まずは「認知を高める」ことを重視していました。

そこで2014年4月、社員の古澤を副社長に定めました。そして、XVIとしての業務を、彼に当面任せることにしたんです。VR関連の案件をいろいろ請け負うことになりますが、ゲーム開発請負としてのXVIからは、性質が変わっていくことになります。そのためこの後、6名程度の社員が辞めていくことになります。ただ最終的には、「VRをやりたい」という人が入社してくることになるので、現在は社員の数も増えているのですが。

2014年は、VRにとって飛躍の年でした。2013年はオキュラスの、しかも初期の開発者向けバージョンであるDK1しか世の中にありませんでした。しかし、2014年3月のGDCでは、ソニー・コンピュータエンタテインメントが、プレイステーション向けの本格的VRシステムである『プロジェクトモーフィアス』[*6]の存在を公表したからです。のちのオキュラスの最大のライバルとなる『VIVE（HTC、2016年）』につながる開発計画の存在も、2014年後半から見えてきました。個人市場向けの本格的な製品は、2年後の2016年には揃っているだろう……という状況になってきたんです。

そのため、オキュラス・ジャパンとしても積極的な認知活動と、市場投入のための準備を始める必要があったのです。まずは、9月に開催されるアジア最大級のゲームイベントである「東京ゲームショウ2014」に、オキュラスとして体験ブースを出展することを決めました。おそらく日本では、この時初めてオキュラスと、これから市場に出ていく「いまどきのVR」を体験した人が多いのではないでしょうか。

でも、思い出してください。オキュラス・ジャパンって、この頃はまだ「法人」じゃないんですよ。だからこの時のブースは、僕たちが独自に立ち上げたもので、オキュラス本社もフェイスブックもほとんど関わっていません。実のところ、4月に正式始動した組織が、9月のイベントで大規模なブースを構えるのは、準備期間としてもかなりギリギリです。

それができたのは、僕たちがとにかく早く動ける、身軽な状態にあったからです。だって、僕たちは社員ではない。そして、上司といえるのはパルマーだけ。パルマーはオキュラスの創業者ですから、さらに上にいる人はいない(笑)。独立部隊みたいなものです。

トップという強い後ろ盾を持った僕らのチームは、当時かなり自由に動くことができました。「東京ゲームショウに出展したい? わかった、予算をつけよう」。バンッ、とパルマー

＊6 開発コード名。プレイステーションVRとして2016年末に発売

が決めて終了。素早いですよね。困ったこと、やりたいことがあったらパルマーに相談すればいい。僕は「釣りバカ日誌のスーさんシステム」と呼んでいました(笑)。

でもこの体制は長くは続きません。オキュラス・ジャパンが組織として立ち上がっていくと、僕たちもそれに飲み込まれていくことになります。

「オキュラス・ジャパン」になったのに……

オキュラス・ジャパンは、2014年10月に立ち上がりました。正確には、僕たちがオキュラスとのコントラクター契約を終了し、フェイスブックの社員になる形で、オキュラス日本部隊が誕生しました。オフィスも僕の会社の一室から、フェイスブック・ジャパンの中へと移ります。

僕はXVIの「社長」からフェイスブックの「社員」になることになりました。といっても、会社を辞めたわけではありません。XVIの社長のまま報酬をゼロとし、「フェイスブックの業務中はXVIには立ち寄らない」などの条件を定めた契約書にサインし、フェイスブックに参加しました。このことが春から予想できていたので、XVIに副社長を新設し、会社を任せたのです。

僕たちはオキュラスをきちんとローカライズし、日本の家電量販店などで販売する計画を立てていました。そのための組織作りや販売網の構築、組織構築に必要な人材のヘッドハント計画などの準備を進めていたんです。

でも、その意図が本国にきちんと伝わっていたのかというと……そうとはいえない部分がありました。パルマーとのコンセンサスはできていたとはいえ、それ以外からの認知は進んでいなかったからです。思い出していただきたいのですが、ジャパンチームが動き出したのは、パルマーの独断です。当時のCEOであったブレンダンは認識していません。だから我々が計画書を示しても「えっ?!」と意外な顔をされるばかりでした。彼らから見れば、日本から「売らせてくれ。計画はこうだ」という押しかけ女房がやってきたようなものです。フェイスブックとしては「日本で売ることは決まっているようだ。その時の中核スタッフは彼ららしい。でも、彼らはなにをやっているんだろう……?」という状況だったのではないでしょうか。

オキュラスは規模の小さなスタートアップ企業でしたが、フェイスブックに取り込まれることで、フェイスブックの巨大な組織の一員になっていきます。言葉は悪いですが、ある意味で「縦割り」の組織の中に、オキュラスが配置されていきます。マーク・ザッカーバーグは「オキュラスはフェイスブックとは独立した組織」と言っているのですが、やはり組織運営の方法は「フェイスブック流」になったのです。

我々はフェイスブックの中で、オキュラスの「パブリッシングチーム」に配属されることになりました。ハードウェアを売るための戦略部隊ではなく、『オキュラス・ストア』というオキュラス専用ソフトを販売するオンラインストアのために、コンテンツを集めたり開発のサポートをしたりする部隊に、です。

結果的に我々ができることは、非常に狭い範囲のものになってしまいました。それまでは講演などにも出て行き、VRの素晴らしさやオキュラスの可能性を自由に話すことができたのですが、それもできません。なにをするにも、アメリカにいる上司からすべて承認を得なければならないのですが、時差もありますし、職務範囲の関係でOKが出ないこともあります。だから、僕は次第になにも話せなくなっていきました。VRに触れてからずっと、僕はVRを日本に広める「エヴァンジェリスト」をやってきましたし、それがやりたいことでした。でも、フェイスブックで用意された仕事は、エヴァンジェリストではなかったんです。

思えば、僕がフェイスブックに提出した経歴書（レジュメ）が悪かったのかもしれません。僕は社会に出てから10年以上、ゲームプログラマーとして働いてきました。だからこれまでの職歴を書くと、どうしてもエンジニアの色が濃くなります。

でもその時はもう、XVIの社長として会社を運営し、コンサルティングし、新しいビジネスを考えるのが仕事になっていて、プログラマーじゃなかったんですよ。もちろん、趣味でたくさんプログラムは書いていたので、能力はありますが。

経歴書を見てフェイスブックは、僕をオキュラスのエンジニアリングチームの配下に所属させ、実際にプログラミングをする人間として使ったんです。要は、様々なサンプルとなるソフトウェアを制作する仕事です。

コントラクターの時代、名刺には「エヴァンジェリスト」と書いてありました。だって、職責は自由で、肩書きも自由につけてよかったので。でもフェイスブックに入って、正式にオキュラスチームの人間になると「一人のエンジニア」でした。

オキュラス・ジャパンとして働いた3人は、それぞれオフィスこそ同じであるものの、所属は違います。井口さんは僕と同じチームで、上司も同じでしたが、池田さんはパブリッシングチームの営業になり、上司も異なるため、レポーティングラインも変わってしまいました。チームとしても働けず、予算も部下もない。自分で判断して仕事をしてきたのに、フェイスブックの中でそれはもうできませんでした。パルマーの下にいる独立チームだった頃は、なにかあったらパルマーに相談すればよかったのですが、その時はもう、上司はフェイスブックの人間です。パルマーに話を持っていく「スーさんシステム」は禁止されました。当然のことですが。

それを強く感じたのが、2016年です。2014年・2015年と連続出展していた東京ゲームショウに、2016年は急遽出展しないことになりました。なぜなら、本国側が「日本・韓国の展示会への予算を出さない」と決めたからです。2016年は、オキュラスのライバルが市場に勢揃いし、2017年に向け、本格的なビジネスがスタートする時でした。パソコン・ハイエンド市場向けで最大のライバルであるVIVEを、発売元であるHTCは東京ゲームショウでアピールする予定になっていました。ソニーも翌年の発売に向け、VR関連の体験ブースを大規模にしています。他社が大きく展開する中、オキュラスだけ出ていないと、「オキュラスは日本でやる気がない」と思われてしまう。本社との交渉のために、担当者だった池田さんは急遽アメリカへ飛び、交渉を行いますが、うまくいきません。切り札としてパルマーに直訴したんですが……これが社内では大炎上しました。上司からはかなり強く叱責されています。

2016年以降、VRビジネスが盛り上がってきたにもかかわらず、オキュラスは東京ゲームショウには出展していません。それはこういう理由だったのです。

僕たちに見えていることと、本社に見えていることに大きなズレを感じていました。パルマーの他にも、僕の直属の上司のように、我々をいろいろサポートしてくれる人々もいたのですが、ズレは埋まりません。

こんなエピソードもあります。

販売計画を立てていた池田さんは、初期からあるビジネスプランを持っていました。それは「企業向けに売る」というものです。高性能なＶＲ機器になると、どうしても価格は高くなります。また、オキュラスを快適に動かすためのパソコンも高価なものになります。個人のゲームファンで購入する人の数は限られる可能性がありました。しかし、ＶＲの可能性はゲームだけに留まりません。むしろ業務用として、非常に高い可能性を秘めています。

そうした市場を開拓するには「法人向けパッケージ」が必要になります。なぜなら、特にサポートなどの面で、個人市場とはまったく異なる条件が多数あるからです。アミューズメント施設や企業のデザイン部門などに本格導入してもらうには、法人向けのものが必須になります。ですから池田さんは、初期から「オキュラスの法人向けパッケージを作ろう」と提案し、その実現に奔走していました。

しかし、本国はその計画に首を縦に振りません。「あくまで我々は個人市場をターゲットとする。だから勝手なことはしないでほしい」という態度です。

当時、アミューズメント施設向けにＶＲ設備を入れよう、という話が進んでおり、いくつかの大型案件は、オキュラスで開発が進んでいたのです。しかし結局、法人向けのサポート体制ができあがらないことから、その案件は獲得できませんでした。

ＨＴＣは、さすがに市場をよく見ています。ＶＩＶＥに最初から「法人向けパッケージ」を準備し、各種企業案件に対応する準備を整えていました。そのため、２０１６年に立ち上がった法人需要は、ほとんどがオキュラスからＨＴＣへと流れていったんです。このことは、ＶＩＶＥの勢力拡大に大きく影響しました。オキュラスは２０１７年10月になって、法人での利用を可能にする「ビジネスパッケージ」の販売を開始します。池田さんの意見を採り入れていれば、もっとずっと早く実現できていたことでしょう。

２０１４年にフェイスブックに入ってから２０１６年末まで、僕の発言はあまり目立っていないはずです。職責上、オキュラスの上でソフトを開発するにはどうしたらいいか、どこに気をつけるべきか、という技術的な課題のことしか話せなかったからです。ＶＲがどう素晴らしい社会をもたらすか、どんなアプリケーションを作ると面白いことが起きるか、様々な企業とどう関係を築くべきか、といった、オキュラス・ジャパン立ち上げまでにやっていた「エヴァンジェリスト的発言」はできなかったのです。発言するスライドの内容はすべてチェックされるし、今後の方針的な話については「それは広報が話す仕事で、君は話してはいけない」と言われました。でもね、日本のオキュラスに広報担当者なんていなかった

(苦笑)。VRのエヴァンジェリストを自認して以降、日本のテクノロジー系メディアの人たちとも個人的な関係を築き始めていたのですが、自分が発言する立場にないため、彼らにも連絡が取りづらくなってしまいました。

井口さんは「GOROmanはエンジニアではなく、エヴァンジェリストをやるべきだ」と社内でもかなり強く進言してくれたんですが、結局変化はありませんでした。一度決まった組織はもう変化させられなかったためです。

実際のところ、2015年の1月になると、僕はもうフェイスブックを辞めるつもりになっていました。フェイスブック社内でオキュラスのために求められる仕事は、「僕でなくてもできる仕事ではないか」と思ったからです。

とはいえ、すぐに辞めるわけにもいきません。オキュラスの個人市場向けバージョンで、2016年夏に出荷が開始され、2018年現在も発売されている通称『CV1』と呼ばれる、当時開発が進んでいたハンドコントローラー『オキュラス・タッチ』を販売することができたら、ひとつの区切りになるだろう、と考えました。実際、開発キットであるDK1・DK2は、日本の開発者向けにものすごい数が販売されていました。日本のパソコン向けゲームの市場規模を考えると、ちょっとあり得ない数字なんです。その大半を売ることに、自分は貢献したと自負しています。この後CV1が出れば、「日本にオキュラスを持ってくる、日本のＶＲ市場を立ち上げる」という役目は果たせるだろう、その時期がきたらフェイスブックを辞めよう、と心に決めました。

フェイスブックとオキュラス

僕の目から見ても、オキュラスはフェイスブックによる買収を受けた後に、どんどん変わっていきました。

フェイスブックからの買収を決めたブレンダンも、オキュラスのＣＥＯを続けてはいたものの、次第にフェイスブックのイニシアチブが強くなっていったようです。結果的にですが、２０１６年12月にはＣＥＯ職を辞して、オキュラスのパソコン向け部門のトップへと職責を縮小します。２０１６年になると、オキュラス初期の立ち上げメンバーのほとんどは、フェイスブック傘下のオキュラスからはいなくなっていました。オキュラス・ジャパンの立ち上げに尽力してくれたジョーも、買収が決まってすぐ、別の会社に移っています。

パルマーは創業者・ビジョナリーとして尊敬されているものの、社内で役職を与えられない状態になっていきました。

そして、そのパルマーも、オキュラスを去る時がやってきます。2016年夏、アメリカ大統領選挙戦のさなか、パルマーが個人的にトランプ陣営を応援する団体へ寄付をしていることが発覚しました。彼の政治的信条はともかく、この行為はいわゆる「炎上」を招きました。パルマーはオキュラス立ち上げの時から変わらず、イベントにも顔を出し、ネットの掲示板にも、SNSにも書き込みを続けていたのですが、炎上を機に、彼は書き込みを一時的にやめてしまいます。

パルマーの名はフェイスブック社内でタブーとなり、記者がパルマーのことを訊ねてきても話してはいけない、と言われました。オキュラスの顔として、買収後も大きな発表はパルマーが行うのが伝統だったのですが、2016年10月に行われた開発者会議「オキュラス・コネクト3」の壇上に、パルマーの姿はありませんでした。発表を行ったのは、パルマーではなく、フェイスブックのマーク・ザッカーバーグでした。

パルマーとマーク・ザッカーバーグの関係ですか？　どうだったのか、僕には正直わかりません。でも、良好なものでなかったであろうことは想像がつきます。

パルマーがオキュラスを立ち上げた当初に考えていたことと、現在のオキュラスの戦略とでは、形がかなり違っているのも事実です。

パルマーが考えていたのは、「良い、新しいVR体験を世の中に広めること」でした。だって彼、クラウドファンディングを始める時に、掲示板にこんなことを書いているんです。「面白いものができそうだから、みんな助けてくれないか？　僕の手元には、最終的にピザ1枚とビールくらいのお金が残ればいいからさ」って。それが結果的に大成功して、20代のビリオネアになるのですが。

なので初期のオキュラスは低価格だったんです。設計もオープンにして、その上でソフトウェアビジネスをする場合も自由にしたい、と思っていたようです。プラットフォームで縛るのではなく、ＶＲに関連する人たちがみんなで「ＶＲという世界」を盛り上げることを望んでいました。だから彼は一貫して、他のプラットフォーマー、他の企業の人々ともフレンドリーに接してきました。ソニーやＨＴＣの人々も、敵ではなく、一緒にＶＲを盛り上げる仲間、という意識なんです。

オキュラスがフェイスブック傘下に入らない未来があったとしたらですが……。もしかすると、Ｖａｌｖｅと一緒にやっていたかもしれませんね。Ｖａｌｖｅはパソコン向けのゲーム配信プラットフォーム「Ｓｔｅａｍ」の運営元で、「ＳｔｅａｍＶＲ」というＶＲプラットフォームも開発しています。ＶＩＶＥはＳｔｅａｍＶＲに対応したＶＲ機器ですが、他にもＳｔｅａｍＶＲ対応の機器はあり、比較的オープンに機器もソフトも開発できます。パルマーは彼らとも仲が良く、２０１４年の段階ではかなり密接な関係を築いていました。

しかしフェイスブックに買収されると、オキュラスは自社でプラットフォームを構築し、そこでコンテンツビジネスをする施策を強化していきます。オキュラスの中では自由な開発が行えましたし、貴重かつ意味のある技術も多数生まれたのですが、パルマーが初期に思い描いていた「オープンさ」とは少し違う形になったんじゃないか、と僕は思います。

２０１５年に発表され、２０１６年に発売されたＶＩＶＥの存在は、オキュラスに大きな影響を与えました。オキュラスはＣＶ１に向けて試作機の開発を繰り返していましたが、そのたびに高価なものになりました。最初の開発キットは３００ドルだったものが、ＣＶ１は５９９ドルで出荷されるものになっていました。おそらくですが、ＶＩＶＥの完成度が高かったため、あれに負けないものにするには、より高価なパーツを使った高性能な製品にする必要があったのでしょう。その頃は特に円安で、１ドルが１２０円台だったんです。そのためＣＶ１を日本で買おうと思うと、10万円近くかかることになってしまいました。このことは僕たちには最後まで知らされておらず、「それじゃあ最初の話とは違う！」と憤慨したものです。

ビジネスを進める上で、いろいろと環境が変わっていった部分はあるのでしょう。しかしそれが、パルマーの思いと異なる部分があったのではないか、と僕は思っています。

結果的に２０１７年の3月、パルマーはオキュラスとフェイスブックを去ることになります。そして僕はそれに先駆け、2016年の12月24日、クリスマスイブ付けでフェイスブックを退職していました。

昔のように、アナーキーに走り出す

すでに述べたように、僕は2015年にはフェイスブックを辞めるつもりでいましたから、2016年になると、「もうすぐ会社に戻る」と社員に告げていました。それをどう社員が受け止めていたかですか？　わからないです(笑)。でも、いきなり出社しなくなり、また戻ってくる社長を受け入れてくれたことには、本当に感謝しています。ただし、いつ正式に辞めるのかは、直前まで話していませんでした。

フェイスブックを辞める2カ月前、2016年10月のことです。出張のために、僕はサンフランシスコ南部の、俗に「シリコンバレー」と呼ばれる土地を訪れていました。オキュラス本社もここにあります。時間ができたので、現地在住の知り合いと一緒に、ちょっとした観光ツアーに出ることにしました。シリコンバレーにある、アップルやインテルなど著名なIT企業の創業地や、関連博物館を巡る旅です。その様子はツイッターで逐一報告したので、今でも見ることができます。本当に楽しかった。

シリコンバレーのマウンテンビューには「コンピューター歴史博物館」という場所があります。ここは、コンピュータの歴史を変えた名機や歴史的な品が所蔵された、非常に特別な場所です。

そこに展示されていた、ある機械の前に立った時、僕の中に「ビリッ」と電流が走りました。その機械とは、ゼロックスのパロアルト研究所で作られた『Alto』というコンピュータです。1973年に最初の1台が完成し、1970年代末まで開発が続けられたものなのですが、これは、今僕たちが使っているパソコンやスマホ、すべての元祖といえるものです。アイコンやメニューがあり、マウスでクリックして操作する、いわゆる「グラフィカル・ユーザーインターフェース」を生み出したのはAltoだったんです。このAltoを見たスティーブ・ジョブズは「マッキントッシュ」を作り、ビル・ゲイツは「ウィンドウズ」を作ったんです。

コンピュータの歴史の転換点になったAltoを見て、僕は、自分がコンピュータに感じた「面白さ」「すごさ」は、こういうところにあったんじゃないか、と思い出したんです。VRに可能性を感じたのも、人に新しい可能性を与えられる、と直感したからだったはず。その気持ちが、Altoを見て蘇ってきました。

だから、僕は「よし、フェイスブックを辞めよう」と心に決めたんです。

またその後、別のことも起きました。

新清士さん、という人がいます。もともとはジャーナリストなのですが、現在は「よむネコ」という会社でVRゲームの開発をしています。彼はDK1でひどいVR酔いにかかり、VRに批判的な記事を書いていたりしたんですが、その後VRの可能性に魅せられて、なんと自分で会社を起こしてしまいました。そんな彼に会った時、こんなことを言われたんです。「GOROmanさん、Mikulusを最新のオキュラスに移植してください!」って。

新さんは初音ミクも好きな人で、Mikulusの持っていた「キャラクターと共存できる世界」に強いインパクトを受けていました。でも、MikulusはDK1やDK2のような、初期のオキュラスのために開発したもので、そのままでは最新のオキュラスでは動きません。あまりに熱く語られたので、「ちょっと動くようにしてみるか」と思い、自宅で作業を始めました。

そうすると、ものすごく面白かったんですね。クオリティが上がった、ということもあるのですが、そこに「キャラクターだけじゃない、新しいOSみたいなものの可能性もあるのでは?」と思えたんです。それが、「はじめに」で説明したMikulusと「VROS」の可能性です。Altoから受けた衝撃が、自分の手元で新しい可能性になって生まれる、という感触がありました。

ネットで小規模なベータテスターを募集し、意見を集めてみたのですが、そのフィードバックも楽しかった。彼らとやりとりしながら作り上げていくことは、この数年間忘れていた気持ちでした。

これで、僕の気持ちは「なにがあってもフェイスブックは辞める」と決まりました。フェイスブック社員がＭｉｋｕｌｕｓを作っていると、会社との関係をゴタゴタ言われる可能性もありました。自宅で、自分だけで作っていたので問題はないはずなのですが。とにかく、ネットで新生Ｍｉｋｕｌｕｓが評判になり始めると、あとは辞めるタイミングだけです。

12月2日、僕はツイッターで「フェイスブックを辞めます」と宣言しました。一応社内の調整はしていましたが、もう、ほぼいきなりの発表です。ＸＶＩ社内の人間は、ツイッターの書き込みで初めて知ったんじゃないでしょうか。

僕はここから、数年前のアナーキーな自分に戻りました。なにしろ、2年間もやりたいことがすべてできない、1速からギアを上げられないような時間を過ごしてきたんです。後ろに引っ張られたチョロＱが猛ダッシュするように、Ｍｉｋｕｌｕｓの開発やＶＲ関連のエヴァンジェリスト活動、そして、ＸＶＩでのＶＲ開発案件を進めていきました。

いい、これがすごいと思ったものを人に伝えたい、そして、自分がすごいものを作りたい。

そんな、もともとの気持ちに戻っていったんです。

そうそう、オキュラスを辞めた後のパルマーも、水を得た魚のように、生き生きと活動しています。自分で新しいビジネスも起こしているのですが、それよりも、VRや好きなアニメの話を自由にできて、必要だと思う活動やビジネスがあったら自ら支援できることに喜びを感じているようです。

特に彼らしいと思ったのは、2017年5月、徳島で行われた「マチ★アソビ」というイベントにやってきた時のことです。

「マチ★アソビ」は徳島で年に2回開催されるアニメを中心とした複合エンターテインメントイベントですが、パルマーはこのイベントに、自分の彼女と一緒にコスプレで参加したんです。ちょうど別のイベントのために日本を訪れることになっていたパルマーに、「マチ★アソビというコスプレができるアニメのイベントがあって、僕も行くよ」と伝えたら、実に気軽に、徳島までやってきました。もちろんプライベートで、です。主催者も、なにも知りません。パルマー自身「面白そうなイベントだ」とは思っていても、徳島がどんなところかは、あんまり理解していなかったかもしれません(笑)。

彼らが選んだのは、ゲーム『メタルギアソリッドV・ファントムペイン(コナミ、2015

年）』に登場する「クワイエット」という女性キャラクターです。マイクロビキニのとてもセクシーな服装をしていて、パルマーの彼女であるニコルにはとても似合っているのですが、パルマーも同じキャラを同じ服装でコスプレしていたので、現地ではたちまち話題になりました。彼はあくまでプライベートでコスプレをしにきたわけですから、会場でも、「なんかすごいコスプレをした外国人カップルがいる」くらいだったんです。

でもやがて、ツイッターを介し、あのコスプレの男性がパルマーである、ということが明らかになると、さらに人だかりができていきました。

実はその時、現地でパルマーに声をかけた人々の中に、この本（旧版の『ミライのつくり方2020-2045』）を出した星海社さんのメンバーがいました。彼らは現地で、『メタルギアソリッド』で主役・スネークを演じている声優・大塚明夫さんのサイン会を主催しており、「ぜひ来てください！」とパルマーを誘ってくれたんです。もちろんパルマーは大喜びで駆けつけましたよ（笑）。

この出会いをきっかけに、実はこの本が生ま

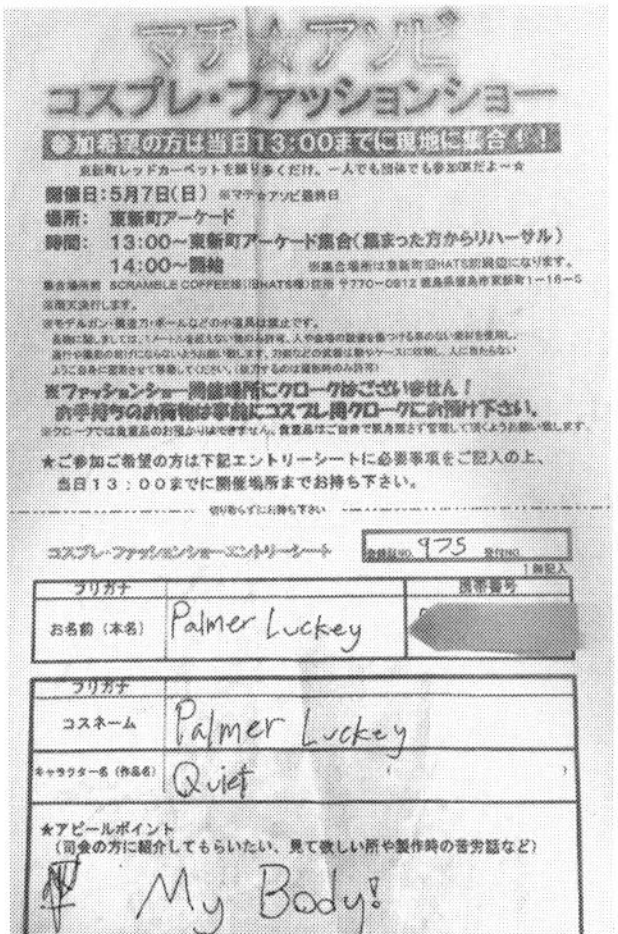

パルマーのマチ★アソビ・コスプレファッションショー参加証。アピールポイントに注目

れたのです。そう考えると、やはりパルマーと僕の間にはなにか不思議な縁を感じますね。

パルマーは今も時折日本にやってきて、僕とも頻繁に顔を合わせています。彼はやっぱりスーパーアニメオタクで、なによりVRのビジョナリーの一人。そして、僕の大切な友人です。

パルマー・ラッキー、マチ★アソビ開催の徳島にて

すべてを支配する「キモズム」理論

VRに限らず、僕がビジネスやITの未来を考える上で、とても重要な指針としているものに「キモズム」という考え方があります。これ、2013年頃、僕が思いついたものなのですが。

この後、VRのある社会がどう変わっていくかを考える前に、非常に重要な考え方である「キモズム」とはなにか、を解説してみたいと思います。キモズムはすごく汎用性が高く、いろいろな問題をストレートに理解できるキーワードなんです。

キャズムとキモズム

非常に有名なマーケティング理論に「キャズム」という考え方があります。キモズムは、このキャズム理論を元に発想したものです。キャズム理論は、マーケティング・コンサルタントのジェフリー・A・ムーアが書いた『キャズム（翔泳社、1991年）』に出てくる理論です。製品やサービスが世の中に浸透する過程を分析するためのものなのですが、前提として、市場を5つのグループに分けて考えます。この分類は、主に次のような形になります。

1・イノベーター
2・アーリーアダプター
3・アーリーマジョリティ
4・レイトマジョリティ
5・ラガード

まず市場に飛びつくのは「イノベーター」、改革者です。まだ完成度が低そうな製品でもとにかく使ってみる人々。要は僕のような人間ですね。

次に「アーリーアダプター」と呼ばれる人々が飛びつきます。ここまではいわゆる「新しいモノ好き」です。ここまででは、まだ社会の中でごく一部の人が使っている段階で、本当に普及したとは言えません。

その後、様子見していた一般的な人々である「アーリーマジョリティ」に広がります。この頃には、市場普及率が5割に近づきますから、「持っていないと遅れてい

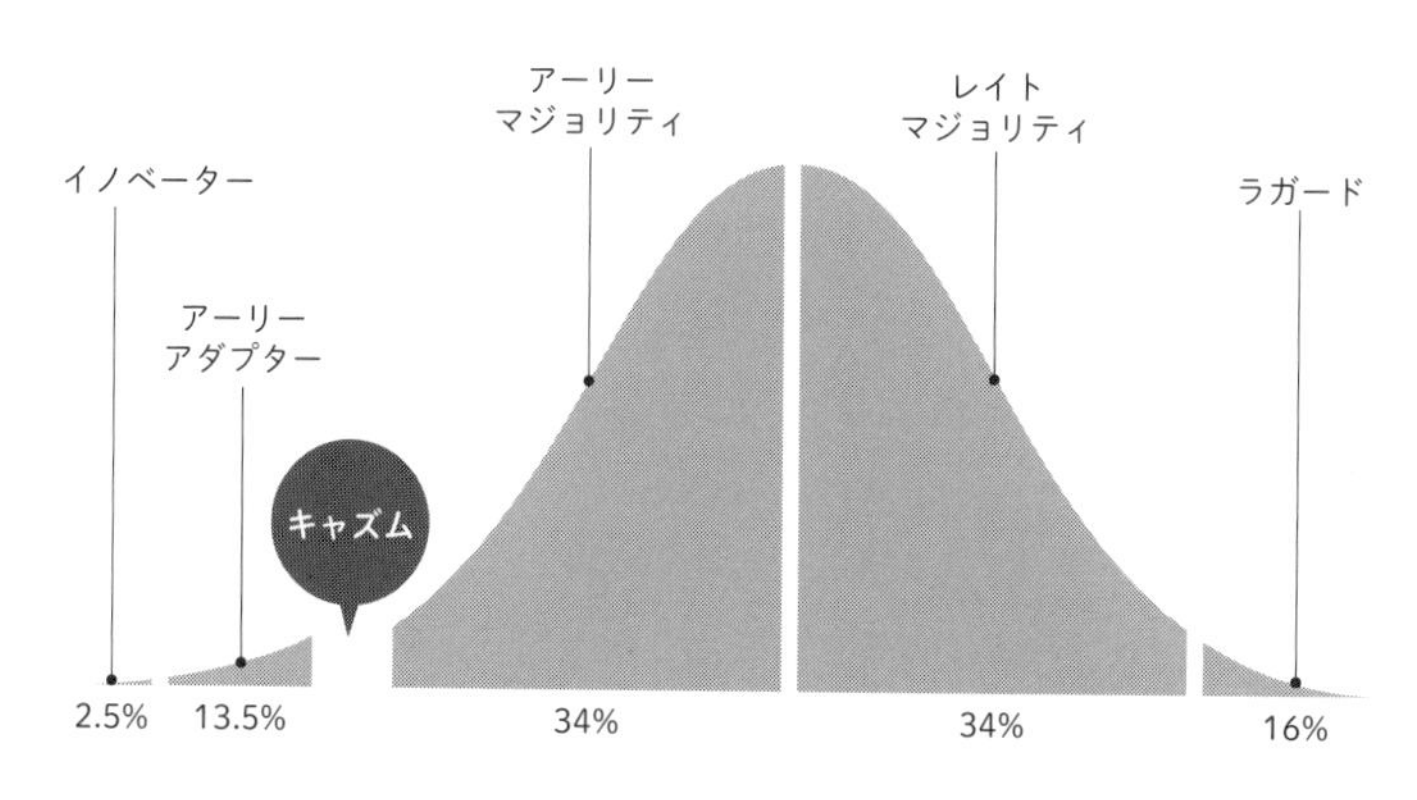

キャズム理論

る」とみなされる時期といえるでしょう。その後、「レイトマジョリティ」と呼ばれる層が入ってきて、社会のかなりの領域へと広がって、当たり前の存在になります。ちょうど、今のスマホがこのあたりではないでしょうか。残るは、「どうしても必要でない限り手にしたくない」人々、すなわち「ラガード」です。ラガードの領域まで普及した製品は、そんなに多くありません。テレビや冷蔵庫、エアコンといった生活必需家電や、携帯電話が含まれるでしょう。

ジェフリー・A・ムーアが著書の中で述べたのは、各段階は顧客属性が大きく異なるので、それぞれの段階に応じてマーケティングの手法やメッセージを最適化せねばうまくいかない、ということでした。

その中でも、もっとも大きな断絶となるのが、アーリーアダプターとアーリーマジョリティの間にある溝、すなわち「キャズム」です。

新しいモノ好きの間で話題になったものの、一般にはなかなか普及しない……という製品はたくさんあります。というより、世の中に出てくるデジタルガジェットやサービスの大半は、アーリーマジョリティに達することなく消えていきます。キャズムを超えるのがきわめて難しいからです。ですから、一般に製品が普及したかどうかを「キャズムを超える」などと表現することがあります。アーリーアダプターまでの層とアーリーマジョリティ以降の層とでは属性がまったく異なっており、溝を超えるためにどのようなアプローチをすべきなのか、多くの企業が頭を悩ませています。

パソコンを使う姿が「キモい」!?

「キモズム」はすでにおわかりのように、キャズムからインスピレーションを受けたものです。なぜデジタルガジェットの多くはキャズムを超えることができないんでしょうか?

答えを言う前に、僕の体験をいろいろお話ししたいと思います。

大学時代（1994年頃）に、同世代の女子にこんな風に言われました。

「パソコンやっていそう、なんか気持ち悪い」

僕自身がモテたい時期に言われたことなので、かなりショックだったんです。「そうか、単に座ってパソコン使っているだけなのに、これってキモいんだ……」って。キーボードを見ないで高速にタッチタイピングしたら「気持ち悪っ」って。中学校・高校の時もそうでした。パソコンを使う、というとどこか気持ち悪がられました。というか、「あんなの使っている人は特別な人」という状況で。

でもですね、それから5、6年経ったら、みんなパソコンを使っているわけですよ。もう「キモい」なんていう人はいない。いまだって、スタバとかでマックを開いて使ってますよね。

まだコンビニでバイトをしていた学生時代、同じコンビニでバイトをしていた女の子に、「近藤くんって、パソコン詳しい？　私、『ポストペット（So-net、1997年）』やりたいんだけど、どのパソコンを買えばいいのかわからなくて……」と聞かれたことがあります。パソコンを使っているとキモいと言われるから気配を消していたのに、まったく逆のことが起き始めていたわけです！

考えてみれば、そういうことはすごくたくさんあります。

いまやLINEのようなメッセージングサービスやスタンプは、生活に必須のものです。でも、そういうのは昔からありましたよね。2000年代前半に『Skype（スカイプ・テクノロジーズ社、2004年）』[*1]が登場した時、「便利だし、電話代がもったいないからパソコンに入れて使おう」と言ったんですが、「わざわざパソコンに入れるのは面倒くさい」と言って誰も入れてくれなかった。

僕は「これから来るもの」を感じる目はあると思っているんです。実際、世の中にある様々なガジェットを買って試して、いろんな人にも買わせたりしています。どこがいいのか、どんなに便利なのかを伝えれば、みんな欲しいと思いますよね。だから僕は、けっこう優秀なセールスマンだと思います（笑）。

でも、そうしたものが実際に普及し始めるには5、6年はかかる。5、6年経つと、手のひらを返したように普及し始めるタイミングがあります。

これはなぜなのか？

キャズムのことを知ってから、確かに理解できるんだけれども、自分の原体験とはズレているな、違うなあ…と感じた部分があります。それが形にならず、ずっとモヤモヤしていたのですが、2013年頃、オキュラスなどVR機器を見ていてふと気付いたのです。

簡単に言えば「キモい」からです。キャズムとは、「キモい」と感じる溝・谷のことであり、すなわち「キモズム」だったのです。

＊1　現・マイクロソフト

モテそうになった時、キモズムは超えられる

僕は「キモズムのこちら側」にずっといて、自分が素晴らしいと思うものについて、いろいろな人と思いを共有したいと思っていました。

ひとつの新しい技術を見て、そこから「これも使える、あれも使える！」と発想が広がり、「これはやべえ！　これすげえ！」とワクワクして、「未来はこうなる！」という気持ちで盛り上がっても、それを「キモい」って思われて、思ったことが言えなくなる。わかってくれる人にしかわかってもらえなかったっていうのが淋しかった。それを打破してくれたのが、パソコン通信でありインターネットだったわけですが。

でも社会人になり、より多くの人と接するようになると、どうすればもっと多くの人に伝えられるんだろうか、と発想するようになりました。

VR用のHMDを見た人が「なんとなくキモい」と思ったのも、それを見慣れていないだけでなく、便利でも当たり前でもなく、安心できるものではないからです。どんなに面白いものだ、とこちらが話しても、試してもらえない時期というのがありました。

でも、2016年以降、ずいぶん状況は変わってきました。ソニーが「プレイステーシ

ョンＶＲ」を発売し、認知が進んだこともあるでしょうし、いろいろなメディアに出ることも増えました。だからＶＲを体験してもらうことも、ずいぶんハードルが下がったな、と思います。イベントなどでＶＲを見かけても「なにかキモいものをやっている」というネガティブな反応ではなく、「あれ、ＶＲっていうんだよね」という風に、ポジティブな反応を得られるようになってきました。いまや、「バーチャルリアリティ」じゃなく「ＶＲ」じゃないと通じない人もいるようです。

これも、これまでによく見たパターンにハマっている気がします。

キモいと感じられなくなる、というか、普及し始めるタイミングっていつなんだろう……と考えると、それは「モテそう」になった時なんですよね。要は目に触れる機会が増えた、自分たちにとって危険でも特別でもないものになってきた、ということだと思うんです。

ちょっと極端な言い方ですが、「気持ち悪い」ってことは、本能的に受け入れられないってことだと思うんですよ。それが生命の危険につながるとか、それがあると子孫が繁栄しない、とか。ある種の先入観です。幕末や明治初期、「写真を撮ると魂を吸われる」って言われたことがありますよね。あれもある種の「キモズム」です。「よくわからないから怖い」みたいな。脳が想像できないってことは予測できないということで、予測できないということは不安になるということなので、その不安が「キモい」という感情の源泉になるんじゃないか、と。

でも、認知が進んで当たり前のものになっていくと、当然そんな感情はなくなっていく。パソコンも同じですよね。便利で当たり前になって、むしろ生活になくてはならないものになっていくと、安心感につながり、これを知っていなきゃならない、っていうフェーズに変わっていくんですよね。その時に、「モテる」ものに変わる。

なんか、全部このパターンにはまってるな、っていう印象があったんです。

不便を解消できた時にキモズムを超える

新技術は滑稽かつキモく見える。便利とキモいの間にある溝。これが「キモズム」。キモいと思う人より便利という人が増えた場合にこの溝は埋まる。

……という風に考えると、キモズムの坂を上り、溝を超えて向こう側に行くための条件も見えてきます。

要は「人々の不便を解消できるかどうか」。ある程度テクノロジーが生活に溶け込んで「これはキモくない、便利なものだ」と一定数に認知された瞬間、モテにシフトしていく。

これは、様々なテクノロジーの歴史を振り返ってみれば、明らかな事実です。

もうひとつ、キモズムに関連する理論（?）として「JK理論」があります。これは、キモズムを超える段階になると、女子高生が多数使い始める、というものです。これは、携帯電話でもスマホでも、LINEでもまったく同じ現象が見られました。彼女たちが「自分たちが使いたい」「かわいい」「便利」と思うような要素が揃うと、キモズムを超えられるほど生活に浸透する、ということです。彼女たちが「かわいい」と思えるということは、十分いいデザインで、コンパクトなものになった、ということ。彼女たちが便利だと思って実際に使える、ということは、それだけ使い方がシンプルでわかりやすくなっている、ということです。「かわいくなる」ことは、やはり技術的に進化しないと実現できないことなんです。

それを実現するためにエンジニアは技術開発をするし、メーカーは製品を作る。でも、その過程でうまくキモズムの坂を上れなかった製品は消えていきます。これが「キャズムの溝を超えられない」製品です。

一方で、坂を上れなかった製品は、それで終わりじゃないんです。消えていった技術や製品の発想を引きついで、新しい製品が生まれます。

例えばスマホ。その前には、フィーチャーフォン、いわゆる「ガラケー」がありましたが、2000年前後に『Palm（Palm社、1996年）』という個人情報端末があったことはご存じでしょうか？　Ｐａｌｍはアドレス帳やスケジュールなど、個人がメモ帳などで管理していた情報をデジタル化し、簡単に管理できるようにしたものです。以前にも「電子手帳」という形で製品がありましたが、Ｐａｌｍはパソコンやスマホと同じように、好きなアプリを入れて自由に使える「コンピュータ」でした。ですが、１９９７年に生まれた製品で、まだ携帯電話回線も貧弱な時代ですから、ネットは自由に使えません。携帯電話との競争やビジネス上の失策もあり、誕生から10年を待たずに消えてしまった、典型的な「キャズムを超えられなかった機械」です。しかし「手のひらに乗るコンピュータがあればどういうことが起きるのか」という可能性を、多くの人に伝えた製品だったと思います。

そうした発想を糧にして生まれたｉＰｈｏｎｅが進化し、いまやキモズムも超え、当たり前の製品になりました。なにが問題で、どこを変えていくとキモズムを超えていけるのか、ということを考えることも重要です。

形だけの「カッコよさ」は逆効果

こういう話になると「いかにマーケティングでキモさをカバーするか」という話になりま

す。

もちろん、その視点は重要でしょう。メディアに関する理論と考察で有名なマーシャル・マクルーハンは著書『機械の花嫁（竹内書店新社、1991年）』の中で、コカ・コーラのマーケティングについて考察しています。コカ・コーラが生まれた時、真っ黒でシュワシュワする水なんて、相当にキモかったはず。それが世の中に浸透したのは、「あれは爽やかで美味しいものだ」というイメージ作りが徹底されたから。多くの人が飲むようになり、みんなが知るありふれた飲み物になったから、世界中でヒットしたのでしょう。

では、カッコイイ、モテそうなマーケティングをすればキモズムを超えられるのか……というと、そうではありません。技術的に、製品の本質としてまだキモズムを超えていないものに無理やりモテそうなイメージだけをくっつけても、むしろ逆効果が生まれます。

例えばウェアラブル機器。『グーグルグラス（グーグル、2013年）』のようなグラス型機器や、スマートウォッチのような身につける機器のプロモーションでは、まるでファッションショーのような演出が行われることが多かったようです。しかし、実際のモノがまだ「キモズムの向こう側」であるのに、それをつけているモデルさんがカッコイイので、むしろギャップが大きくなってしまいました。

重要なのは、製品が備える機能が消費者から期待される内容に追いついて、さらにそれをわかりやすく伝えるためにマーケティングを活用することです。

そんなこともあり、今のVRも、僕は「キモズムを超えられない」と思っています。キモズムを超えるためになにが必要なのかは、次章で解説したいと思いますので、もう少しお待ちください。

イノベーターの数は遺伝子で決まっている⁉

なによりも先に新しいものに飛びつく「イノベーター」は、キモズムの前にあるものを体験します。ですから、それを分析できる立場にあるんです。

でもですね……。

イノベーターって、なんで数が少ないんでしょうか？　『キャズム』では、イノベーターは全体の2・5パーセントだとされています。先を見た人の方が有利だと決まっているなら、もっと多くてもいいはずです。でも、だいたい3パーセント以下だと決まっている。

これって、極論で言えば、遺伝子で決まっているレベルなんじゃないか、と思えるんです。

例えば……僕らは今、わりと、気持ち悪かったり毒があったりするものも食べていますよね。普通にふぐ食べるじゃないですか？　でも、ふぐって肝臓や卵巣などに毒があって、ちゃんと取り除いてから食べないと死にます。昔は調理法も確立されていなかったので、けっこうな数の人がふぐを食べて死んでいたでしょう。

別の言い方をすれば、ここで「死ぬかもしれないけど、美味しそう！」と思って、ふぐを食べられるのがイノベーターなんですよ。

でも、全員が食べたら人類絶滅しちゃいますよね（笑）。

だからこそ、危険を感じたり、生理的に無理な部分があったりするところには一定数しか踏み込まない。すなわち「キモいと感じたら手を出さない」んです。イノベーターは、ある意味、命をかけて「先に試す」人々といえます。だから、全体の2・5パーセントしかいないのが正常な状態なのでしょう。

僕たちのようなイノベーターはやはり「特殊」で「キモい」部分がある。それを理解した上で、いかに相手に伝えるか、という発想が必要になるんです。

VRで生活はこう変わる

僕は、VRが社会や生活を大きく変えるテクノロジーになると確信しています。パソコンやインターネット、スマホがそうであったように、です。

でも、実際にどう変わるのか、いつ変わるのかは、なかなか理解されません。そこで、僕の予想を語ってみたいと思います。

まずは生活に与える変化から。パソコンやスマホの登場は、僕たちの働き方や余暇の過ごし方を大きく変えてしまいました。では、VRが本当に普及するとどうなってしまうのか!?

例えば、2045年、僕たちの生活はどう変わる可能性があるんでしょうか。

そこから見ていくことにしましょう。

◀2020年から始まるVR革命

Q VRって、いつ一般的なものになりますか?

A 2020年がターニングポイントです。

第3章で説明したように、製品が一般に広がるには「キモズム」を超える必要があります。だって、まず今のVR機器は、オキュラスにしてもなんにしても、大きくて「キモい」じゃないですか。

今のVR機器は、液晶や有機ELなどのディスプレイパネルをレンズで歪ませて視界いっぱいに広げる、という仕組みですが、今後は違う仕組みが出てくるでしょう。小さなディスプレイから出た光をハーフミラー[*1]で反射するものや、ごく弱いレーザーを使い、網膜に直接映像を投影するものもあります。どのような技術が使われるかは議論が分かれるところですが、既存の技術の改善と新しい技術の投入が一緒になって、今よりもコンパクトでかっこいいと思えるものが出てくるでしょう。例えば、中国のベンチャー企業・Dlodloが作っているHMDは、2018年の段階で、ちょっとしたサングラス程度のサイズを実現しています。僕もかけてみましたが、非常に軽く、いままでのHMDに比べると違和感が小さいものになっています。

でも、デザインがよくなるのと同時に「みんなが持つようになって、見慣れてくる」ということも重要かな、と思っています。デザインがよくなって初めて、多くの人が触れる製品になるからです。

*1 一般的な鏡より反射率が低く、光を通すもの

ＨＭＤの小型化やデザイン改善とともに、ＨＭＤから得られる映像の解像度も改善されています。スマホも、登場したばかりの頃は「ドット」が見えるディスプレイでしたが、『ｉＰｈｏｎｅ４（アップル、２０１０年）』が出た時に「Ｒｅｔｉｎａディスプレイ」が登場して以降、解像度が上がってドットなんて見えなくなりました。印刷物との差がほとんどなくなったんです。同じように、ＶＲの中で見る映像も、今は「ドット」がわかる状態ですが、解像度が上がっていくと、ドット感がわからなくなります。フィンランドのＶａｒｊｏはまさに、そういうＨＭＤを開発しています。[*2] 目指すは人間の目と同じレベルの解像度。現在の試作機も、いわゆる８Ｋテレビの倍の解像度（70メガピクセル）を実現しています。ドット感・編み目感がなく、細かい文字でも読めそうでした。実は、自分の視野の中心だけが高解像度になっていて、それ以外のところは粗いのですが、人間の目の特性上、それでも違和感はあまりありません。

こうした技術の組み合わせで、「人間の目に自然に見えるＨＭＤ」が増えていくはずです。例えば、ＶＲ空間内で手に持った紙の上に書かれた文字を読む、ということも、自然に行えるでしょう。そもそもＶＲでは、見えにくかったら「近づけて見る」「近づいて見る」ことができるので、今のディスプレイで文章を読む形よりも自然な体験になります。

こうした技術的変化の一部が起きるのが、２０２０年頃になるでしょう。

Q VRが一般的になるって、どういう流れでそうなるんですか？

A まずはVRより「AR」が伸びると思っています。VRはその後から。

僕は、VRよりも先に「AR」が伸びるだろう、と予想しています。VRは、視界を中心に感覚を置き換えて、現実とは異なる空間の中に入っていく技術です。それに対してAR、「オーグメンテッド・リアリティ」と呼ばれる技術は、現実の上に情報を重ねる技術です（口絵⑦）。例えば、道の上に自分が行くべき方向を示すナビゲーターが現れたり、商品の上に名前や価格が現れたり……といった具合です。大ヒットしたスマホゲーム「ポケモンGO」に使われていたことで知っている、という方もいるのではないでしょうか。周囲の風景の中にポケモンが重なって現れる姿は、ARのわかりやすい使い方のひとつです。

ARについては、特にスマホメーカーが積極的です。アップルは、2017年秋に公開した「iOS 11」に、iPhoneやiPadでARを実現する「ARKit」という機

*2 2019年に開発済み

能を搭載していますし、グーグルも、スマホ用のOSであるアンドロイドに「ARCore」という機能を組み込みました。今はスマホの画面の向こうに実写とCGが合成された映像が出てくる……というイメージですが、各社は「ARを意識したHMD」のような機器を開発中といわれています。マイクロソフトも、2016年に非常に高性能なAR技術を搭載した（同社は複合現実もしくはミックスト・リアリティ、MRと呼んでいますが）デバイスである「ホロレンズ」を発売済みです。ホロレンズは技術者向けの開発機器ですが、2019年には、後継機である『ホロレンズ2』への移行が始まりました。2018年2月時点で、世の中にある機器で一番理想に近いのはホロレンズですね。

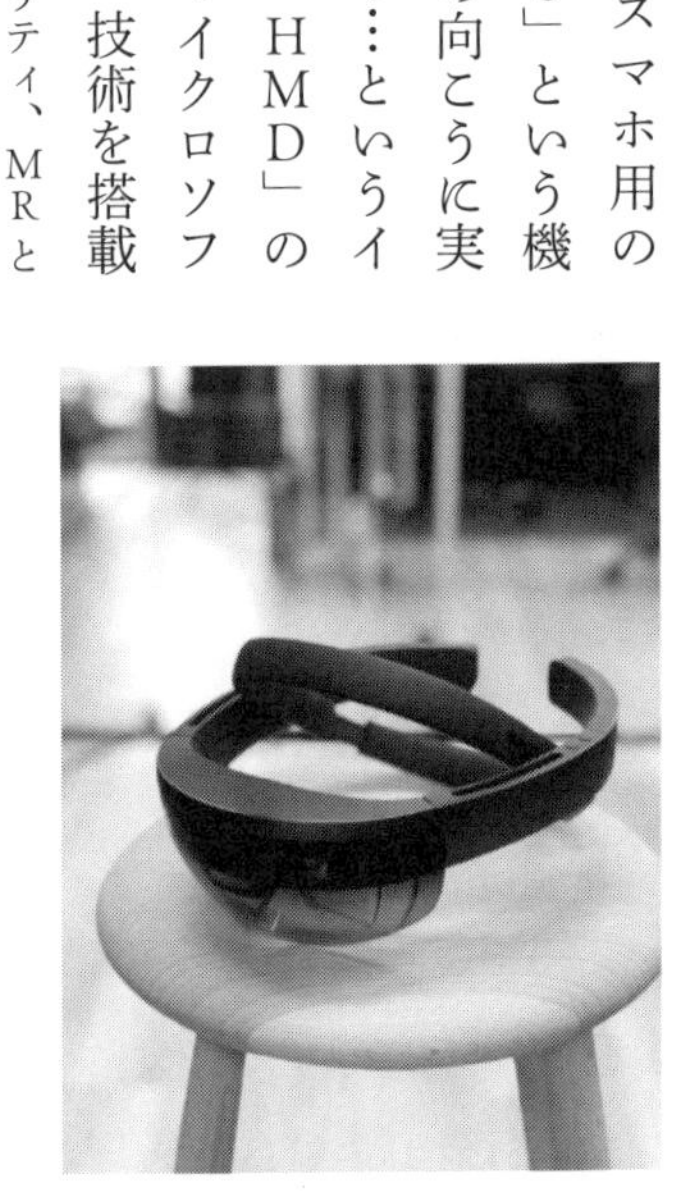
「ホロレンズ」、著者私物

これらの企業は、2020年以降に向けてAR用の機器を積極的に開発しています。そうした競争が起きることで、VRより先にARが大きな市場となって立ち上がるでしょう。現状、ARは話題にはなるものの、個人市場向けにはさほど大きなビジネスになっていません。だって、今はスマホを正面に構えたまま歩き回らないといけないので、HMDをかぶってる以上に「キモい」感じがしますからね。電車内ではちょっとできない。しかし、次世代のＡＲ機器が、メガネの延長線上にあるような機器として登場すれば、そうした問題は解決します。そうやって、ＡＲであろうがＶＲであろうが、「なにかをかけて生活する」姿を見慣れるようになっていくことが、キモズムを超える第一歩になります。

ＡＲは非常に応用範囲の広いものです。「この人会ったことあるけど誰だっけな……？」と思うことはありますよね？　そんな時に、以前に会った時の情報が重なって出てくれば便利です。ツイッターでは頻繁にやりとりしているけど、相手の名前は知らなくて、アイコンしか覚えてない、なんて時にも、相手の顔とＳＮＳの情報が紐付いていて、ＡＲでは相手の顔の上にツイッターのアイコンが出ていれば、すぐに誰かわかる（笑）。

産業分野ではすでに活用も進んでいて、特に不動産や建築、製造業での導入が検討されています。工場で使う部品のチェックを行ったり、建築前の土地に図面から作ったＣＧで建物を重ねて様子を確認したり、といったことに使われています。

Q ARとVRってどう違うんですか？

A 本質的には同じ技術。でも、ARはある意味「足していく」もので、VRは「代替していく」ものです。

ARがVRより先に伸びる、という話をすると、両者は対立構図にあるように思われることがあります。しかし、そんなことはありません。自分の向いた方向や位置を把握し、視界に映像を重ねるという意味では、共通の技術を使っています。

ARは現実に「情報を足す」技術です。VRは視界を全部一度遮断して、そこに表示される映像へと「代替する」技術といえます。ですから、技術が十分に進歩すれば、両者の違いは小さなものになります。

例えば、カメラで実際の映像を取り込みつつ、その映像を「VR」として表示したらどうでしょう？そして、そこから実際の映像をどんどん消していったら？ ARなのかVRなのかは「現実をどれだけ混ぜるか」「現実がどれだけ透過しているか」という違いでしかありません。街中を歩いている時は現実がより多く見えていないと危険ですけど、電車の中では「現実60パーセント、VR40パーセント」くらいでいいかもしれない。自宅に戻ったら「VR100パーセント」になってもいい。将来は、そういう「透過度」を場合に合わせて自動で切り替えてくれるようになるかもしれません。

要は、ARとVRの本質はかなり似たもので、「表現の仕方の違い」に近いんです。現在はマイクロソフトのように「複合現実（MR）」という言葉を使うところもありますが、これも、現実と作り出した情報をどれだけ混ぜるか、という「程度の違い」のようなものです。もうしばらくすると、「ARかVRかMRか」といった、言葉の違いはほとんど意味を持たなくなるでしょう。ですから、VR関連を開発している現場では、それらの概念を総称して「xR」なんて呼ぶようになっています。

でもですね、本当のところを言えば、ARについても、もっと先に一般化する要素があると思っているんです。

それが「音のAR」です。

Q ARとかVRって「絵」の話じゃないんですか？

A 違います。五感すべてに関わります。中でも「音」は、非常に大きな役割を果たします。

ARやVRでまず注目されるのは「映像」です。人間は感覚の大半を視覚に頼っていますし、オキュラスなどのHMDで大きく変わったのは視覚の部分ですから、それもしょうがないことかもしれません。

ですが、実際にVRコンテンツを開発してみると、視覚以外の情報も非常に大切であることがわかってきます。音がどこから聞こえるのか、手に触れる感覚、体を動かしたという感覚などが付け加わると、「そこにいる感覚」が非常に強くなります。この感覚を「プレゼンス」などといいますが、プレゼンスは視覚だけで生まれるわけではなく、非常に多彩な要素が絡んでいるんです。そのため、VR関連の開発者は、いかに五感を効率的にだますかを常に考えていますし、プレゼンスがはがれて現実に戻ることがないよう、工夫を重ねています。

Q 音のARってなんですか？

A 現実の世界の音に対し、音の情報を付け加えるものです。不要なものを聞こえなくすることもできます。この場合は「減損現実（Diminished Reality、DR）」と呼ばれます。

こんな風に考えてみてください。

ヘッドホンをかけて音楽を聞くと、周囲の音はほとんど聞こえなくなります。ノイズキャンセル型のヘッドホンをかけると、さらに聞こえなくなります。音楽をかけてそれに没入するということは、「周囲の音を音楽で代替している」といえるでしょう。これはいわば「音のVR」のようなものです。

ここで、外部の音を全部消してしまうのではなく、マイクを使って取り込み、音楽などと一緒に聞こえるようにしたらどうでしょう？　ヘッドホンはしているけれど、自分に聞こえているのは「いつもの音」。そこに音楽を付け加えることもあるでしょう。例えばどこかに移動する時ならば、次にどこへ移動すべきか、というナビゲーション情報が聞こえてくることもあるでしょう。「5メートル先の角を右です」という風に。

　ナビゲーションは特にわかりやすい例ですが、自分が見ているものや動いた場所に合わせて、そこで必要な情報を音で出すことは、今の技術でも難しいことではありません。周囲の人からはわからないけれど、自分にだけ、普段聞こえている音と一緒に情報が追加されて聞こえる。これって、ＡＲで挙げた要素とまったく同じものですよね？

　このところヘッドホンを開発するメーカーは、こうした要素を強く意識しているように思えます。なぜなら、ヘッドホンにつながるものが単純なオーディオプレイヤーではなく、スマホというコンピュータになったからです。

　今のヘッドホンはスマホと連携すると、音声で操作ができるようになっています。ｉＰｈｏｎｅなら「Ｓｉｒｉ」、アンドロイドなら「グーグルアシスタント」ですね。音声で情報を聞いたり、着信したメッセージを読み上げてもらったりできます。ナビゲーションで次に曲がるべき場所も教えてくれますね。

　ソニーのフラッグシップヘッドホン『１０００Ｘシリーズ（２０１６年）』や『ＡｉｒＰｏｄｓ Ｐｒｏ（アップル、２０１９年）』では、人の行動に合わせて「聞こえる音の量を変える」ことができるようになっています。例えば、歩いている時にはすべてのノイズを消してしまうのではなく、多少周囲の音も聞こえるようにする。その方が、近づいてくる車の音などが聞こえて安全だからです。電車に乗っている時には、アナウンスのように「人の声だけ」がよく聞こえるようにできます。座って仕事をする時は集中したいので、ノイズはできるだけすべてカットしてしまう……という設定にもできます。これは、スマホのモーションセンサーやGPSを使い、「今この人はなにをしているのか」を推定しているから可能なことなんです。

これが進むと、行動しながら、聞こえてくる音の中で不要なもの・必要なものをある程度選別し、単に重ねるだけでなく「減損」していくこともできます。自分には不要なものを消していくことを「減損現実」というのですが、特に音では、これがやりやすいです。例えば工事の騒音のような、ストレスとなっている音を消していければ、それだけで快適になりますよね。

音声で人の能力をアシストする、ということは、すぐにもできると思うんです。音が自分にどう聞こえていても、他人には関係ありません。使うのもスマホとワイヤレスのヘッドホンですから、今の段階でも、他人から見て不自然じゃない。ちょっと前なら、ワイヤレスのヘッドホンをつけていると、「なにか変なものを耳につけているな」ってじろじろ見られましたけど、今は誰も気にしませんよね。『AirPods（アップル、2016年）』なんて、出た頃は「耳からうどんが出てる」と言われたものですが、もう見慣れた光景です。これもまた「キモズムを超えた」ってことです。

将来的には、DRの考え方は映像にも応用できるはずです。視界から見えているはずの広告だけ消えちゃうとか、満員電車の乗客がみんなアニメキャラになってて暑苦しくないとか、どうですかね(笑)。視界を乗っ取っているということは、究極的にはそういうことだってできる、ということなんです。

Q VRやARが「一般に普及する」には、どんなことが必要だと思いますか?

A 「現実より便利になる」必要があります。

今のパソコンがなぜ普及したのかを考えるとわかりやすいんですが……。

パソコンが普及するまで、仕事はみんな「紙」でやっていました。ひたすら紙で書類を作り、それをやりとりしていたわけですよね。間違えた時の修正は大変だし、作り直すのも、人に渡すのも手間がかかる。

そこにパソコンが登場しました。1980年代前半の、8ビットパソコンの時代にはゲームくらいしかできませんでしたが、その後16ビットの時代になって、ワープロで文書を作ったり、表計算をしたりすることが実用的になった。字が汚い人でもきれいな文書を簡単に作れるようになったし、文書のコピーも簡単になった。性能が上がって、絵も描けるようになり、音楽も作れるようになった。「アプリケーションソフト」という存在が生まれて、それを買ってくれれば自分がやりたいことができるようになって、要は「使わない時よりも便利になった」から普及した。パソコン＝ゲーム機だった時代を超えて、ビジネスに使えるものにシフトしたからこそ、みんなが買う理由になったんです。

だからその時のパソコンのCMを見ると、「便利です」「キモくありません」という風に、一生懸命キモズムを超えさせようとしているんですよね。パソコンのCMに、一斉にアイドルが採用されていたりして。

でも、今のVRはそうじゃない。8ビットパソコンの時代に似ています。「こんなすごいことができるよ！」「こんなすごいゲームができるよ！」というのはいいんですが、それが終わったらHMDを外してしまう。それぞれのアプリケーションがひとつひとつ単独で存在していて、つながりがないんです。だから「体験」が終わったらHMDを外してしまう。それだと、毎日使わないですよね。

8ビットパソコンの時代にも、ひとつゲームをやるたびにパソコンを起動し直していたんです。だから、ゲームが終わったら「面白かった」といって電源を切っちゃう。今のVRに似ています。

毎日使うようになるには、HMDをずっとつけたまま、VRのままでいろいろなことができるようにならねばいけません。そのためには、今のパソコンやスマホの「OS」のように、VRで動くアプリなどを必要に応じて切り替えながら作業できる仕組みや、今普通にやっていることが、VRの中でも同じようにできる環境が必要です。だって、ゲームをやったりテレビを見たりしながら、ツイッターでメッセージを送ったりしたいじゃないですか。VRの中ですごい体験をした時に、それを「これすごい！」ってすぐに伝えられないといけない。それができて初めて、いままでのパソコンやスマホと同じ土俵に立てます。

そのために、VR専用のOSが出てくる可能性もありますし、今あるOSにVRを扱う機能が搭載される可能性もあります。「はじめに」で紹介した、僕が開発しているMikulusは、そんな時代を考えたソフトのひとつです。VRのためのOS、すなわちVROS的なアプローチは、世界中で研究が始まっているところです。

もうひとつ、VRを普及させるためにとても重要なのは「良い体験」を最初から広げていくことです。

ゲームもそうでしたが、最初にクソゲーを体験した人は、面白くないのでその後、ゲームをしようとは思わなくなります。VRでひどく酔ったりしたら、初めて食べた牡蠣で食あたりになったようなもの。あたった人は牡蠣に手を出そうとはしなくなります。

最初に面白いゲームをやったから次もゲームに手を出そうとするし、牡蠣も美味しかったから次にまた食べようとする。VRは特に、「酔い」や「操作」などの多数の問題があり、下手なものを作ると、牡蠣にあたったような状況を生み出してしまいます。だからこそ、いまVRを作る人は、とにかく慎重に「良いもの」を作って、多くの人が「VRを今後も体験しよう」と考えてもらえるようにする必要があります。

Q VROSって、どんな風に操作するようになるんでしょうか。

A 意外なほど「ちょっとしか体は動かさない」、地味なものになるでしょう。

空間を使ったコンピュータの操作というと、まず思い浮かぶのが映画『マイノリティ・リポート（20世紀フォックス、2002年）』です。あの映画の中では、空間に浮かんだウインドウを手でザーッと動かして情報を整理していました。いかにもSFっぽく、多くの映画では、未来のコンピュータの操作として、ああいう描写が出てきます。

でも、実際にVROSが登場すると、あんな風には操作しないでしょう。だって、疲れちゃうので。

パソコンを使っている時、人はあまり腕を動かしません。人は重力に支配されていて、腕を上に持ち上げると疲れるからです。

VRになれば重力の概念がなくなるので、ディスプレイは空間に置こうがどこに置こうが自由です。資料とかを空間に置いてデッサンしたりもできますよね。しかし、VR空間は無重力でも、我々がいる「リアル空間」は厳然として重力に引きずられる。だから、『マイノリティ・リポート』のように、垂直な面にそって腕を動かし続けるのは辛いんです。ゲームでも、Wiiがブームになり、「体感コントローラー」が流行った時期がありますが、物珍しさが過ぎると、結局普通のコントローラーに戻っていきました。ずっと使うなら、ボタンを押す方が楽だからです。

VROSでも、体に対する重力の影響から逃れられない以上、空中で指を動かすような動作は、最終的には少なくなっていくかもしれません。意外と、机の上の水平な平面の上で腕を動かすような操作が多くなるのでは……と予想しています。

そこでは、人間の触覚などを活かすことが重要になるでしょう。例えば、タブレットの画面上のキーボードをタッチするよりもキーボードを叩いた方がより「きちんと入力している」感じがして、安心します。「キーを押した」という感覚が指先から伝わってくるから、操作していることがわかりやすく、安心するわけですよね。仮想空間ではなおさらで、空間に浮いている画面上の仮想的なボタンを押すだけだと、指先にはそういうフィードバックがありません。でも、うまく「机や床に触れさせる」ことを使ったり、振動で触った感覚を与えたりすれば、安心して使えます。視覚だけでなく、いかに五感を使うか、というところに知恵を使う必要があります。

とはいうものの、世の中に流行らせるには未来感がないといけません。『マイノリティ・リポート』や『スター・トレック』が大げさなユーザーインターフェースになっているのは、見ている人をワクワクさせないといけないからです。そういう意味では、派手な操作は「マーケティング」寄りですね。ただ、マーケティング色が強くなりすぎると失敗するんですよ。「実用性」と「かっこよさ」では「実用性」を取らないといけないんですが、買ってもらうにはバズを起こさなきゃいけない。開発者としては、そこが戦いどころになるでしょう。

そもそも、OSのような基盤で「使いづらいもの」を作ると、誰が困るかというと未来人が困るんです。だって、過去のOSで使いづらかった部分で誰が困っているかというと、我々じゃないですか（笑）。だからこそ、未来人を困らせないために、VROSは使いやすくて疲れないものを開発していく必要があります。

◀「空間パラダイム」で生活激変

Q OSがVRに対応すると、どんな変化がやってくるんですか？

A 「ペーパーパラダイム」の時代が終わって、「空間パラダイム」の時代がやってきます！

まず、今のコンピュータがどのような状態にあるのか、考えてみましょう。

コンピュータがなかった頃、僕たちは机の上に置かれた紙やノートになにかを書く、つまり紙の上で作業をすることが中心でした。これは「机の上でなにかをする」と定義できます。

なぜかというと、地球上に住む限り重力に引っ張られるから、どこかで押さえないといけないわけですよね。机という平面に紙を置き、その上に手を置いて仕事をしていたわけです。

これが「ペーパーパラダイム」です。

でも、今考えると、これはいろいろ不便です。間違えると消しゴムで消さないといけませんし、複製も作りづらい。カーボン紙やコピー機が生まれて、なんとかコピーはとれるようになったけれど、ちょっと便利になったに過ぎず、根本的な変化はありませんでした。

そこにパソコンが登場します。文字の修正が楽になり、コピーが楽になり、作ったデータの再利用も楽になりました。ネットを使えば人に渡すのも楽です。パソコン上での作業を快適にするために、マッキントッシュやウィンドウズが生まれました。画面の中にあるウインドウを操作するようになり、たくさんの仕事をより素早くこなせるようになっていきました。

でも冷静に考えると、これも「ペーパーパラダイム」でやっていたことと、あんまり変わらないんです。「水平の机の上で紙を入れ替えながら作業」していたものが、「垂直な画面の中でウインドウを入れ替えながら作業」をすることに置き換わっただけだからです。その後スマホやタブレットが登場しましたが、それが「手元にある画面の中でアプリを入れ替えながら作業」することに変わっただけで、やはり本質的な変化はありません。

しかし、これがVRになると変わります。

今まで、いわゆる「画面」というのは、四角いディスプレイの中にありました。それは、映画だってテレビだってスマホだって変わりません。

でも、VRでは視界をすべてディスプレイが生み出す映像に置き換えてしまいます。すなわち、「見えているものすべてがディスプレイ」なので、四角い画面の枠は存在しないんです。

今、株のトレーダーのようにたくさんの情報を一度に見たい人は、机の上に複数のディスプレイを置いています。一枚の画面では「狭い」と感じるからです。

しかし、ディスプレイには重さも体積もありますから、机の上に置ける数には制限があります。そもそも、「机がない場所」には置けません。

よく考えてみると、今までは作業に必要な情報を、あるフレームの中に無理して折りたたんで入れることに苦労してたんですよ。机の上を整理して作業スペースを空ける、というのはそういうことですよね。

パソコンやスマホで「アプリを切り替える」「ウインドウを並べ替える」という使い方をしていますが、それも「狭いから」です。もっと空間を自由に使って作業ができるようになれば、そんなことは最小限で済みます。

だってVRなら、どこに画面を置いてもいいんです。空中に大量の情報をちりばめてもいいですし、巨大な壁のように資料を置いてもいい。重力などの物理的な制約とは無関係なんですから。空間に情報をいっぱい出して、なおかつ、情報がある場所に自分で視線を動かして見る……って直感的じゃないですか。

調べ物をする時に、本や雑誌や資料を床の上にぶわーっと並べたい……と思うことはないですか？　でも、狭いからできない。そのせいで、人間の思考には大きな制約がかかっているんじゃないか、と思うんですよね。本来なら誰もが、広げた資料を見ながらブレインストーミングをしてみたい。そこからなにか新しい発想を思いつくことも、あると思うんです。

VRが登場して、ようやく我々は「画面の枠＝フレーム」という呪縛から解き放たれます。紙を入れ替えて作業をすることの模倣から始まった「ペーパーパラダイム」がやっと終了し、空間全体を作業に使える「空間パラダイム」へと変化するんです。

でも、自分のための作業空間を自由に作れるようになる、ということがこれまでのやり方に比べてどれだけ便利か……ということは、頭の中だけではなかなか理解してもらえないかもしれません。新しいパラダイムを体感した上で、「今までのやり方はなんて不便だったんだ」と気付いてもらうことが重要です。

Q 空間パラダイムになると、どんな変化が起きるんですか？

A オフィスの考え方が変わります。そして「移動」がなくなってしまうかもしれません。

空間パラダイムになると、例えば、こんな変化が考えられます。

今、パソコンの画面のことを「デスクトップ」といいます。要は「机の上」ってことなんですが。これが空間になるわけですから、デスクトップから「ワークスペース」、すなわち働く空間になります。

そこで「ワークモード！」と言うと、周囲の風景がオフィスに早変わりしたらどうでしょう？　本当に集中したい時は、真っ白で自分しかいない、『ドラゴンボール（集英社）』に出てきた「精神と時の部屋」みたいな空間がいいかもしれませんね。

そもそも仕事場って、本当は社員全員に広い個室が用意されている、というのがひとつの理想です。だって、他人からの割り込みがなくなりますからね。でも、なかなかそうはいかない。

ＶＲだったら、いろいろなことが考えられます。スマホにも「しばらくメールなどの通知を出さない」というモードがありますが、あれと同じように、「しばらく周囲からの干渉をミュートします」っていうこともできるでしょう。

こういう感じで、現実をミュートできるようになるんですよ。ＶＲで代替してしまうことができますから。

人間には、集中すると周りのことが気にならなくなる、という現象がありますよね？「今日はやるぞー！」と気合いを入れ、周囲をちょっと片づけたりして、「周りが見えなくなるくらい集中できる環境」をわざわざ作ることもあります。でも、その気になるにはちょっと時間がかかる。準備も含めると2時間くらいかかることがないですか？

でも、VRで現実をミュートできるなら、そんな状態にすごい速さで入れます。強制的に周囲からの干渉をシャットアウトすることができるからです。短い時間でも集中して働くことができて、時間の使い方が変わるので、すごく効率化すると思うんです。

気分を変えてリラックスするのも簡単です。オフィスの風景が、風光明媚な浜辺に早変わり。BGMから「バックグラウンド・エンバイロメント（BGE）」へ、という感じでしょうか。

そもそもこういうことができるならば、オフィスに移動する必然性がなくなりますよね。今までは、我々人間の側が「適切な場所」に動いていました。例えば、仕事をする時はオフィスに移動したし、自宅の中だけでも、リラックスしたい時はリビングに行き、眠りたい時は寝室に移動していました。でも、空間パラダイムになって、周囲の風景を自由に書き換えることができるようになったのであれば、逆に「自分の方へ世界の方が移動してきてくれる」と考えることもできます。

そうやって作ったワークスペースには、パソコンのデスクトップの壁紙を飾ったりアイコンを配置したりするように、ポスターを貼ったり動画を配置したりできるはずです。資料の置き方が自由である、という話と同じですね。そうして作った「お気に入りの環境」を保存しておけば、それをすぐに呼び出して、仕事のしやすい空間で働く、ってこともできるはずです。

Q VRで「人と会うこと」は、どう変わるんでしょうか。

A 単にミーティングしたいだけなら、VRで済ませるようになるでしょう。いままでのビデオ会議や電話と違い、より「会った感」があります。

VRの空間に入るのは自分だけではありません。他人と同じ空間を共有するのは自然なことです。

その時には、「同じ仮想の空間」にはいても、「物理的に同じ場所」にいる必要はないです。お互いに自宅で「仕事場」モードになれば、「一緒に仕事場にいる」ことになりますよね。実際に顔を合わせることもできるわけですから、別の場所にいる人が同じ仮想空間に集まれば、それはもう「ミーティング」ですよね。ビデオ会議ではいまひとつ顔を合わせた気がしませんが、VRだと、空間内で顔を合わせるので不自然ではなくなります。

実は、「自分の代わりにくまのぬいぐるみを出社させるシステム」を作ったことがあります。ぬいぐるみにはマイクとスピーカーが仕込んであって、周囲の音が聞こえますし、自分の声も「くま」から聞こえます。周囲の風景を360度すべて撮影するビデオカメラ『RICHO R（リコー、2017年）』と組み合わせてあり、くまの視界は、僕がかぶっているVR用HMDに見えるようになっています。そして、HMDの動きも撮っているので、自分の視線の方向と、くまの視線の方向を合わせることが可能です。

これを作ってみてわかったのは、人はミーティングなどの時、「視線を合わせて話せているか」「適切に相づちが伝わるか」といった、声以外の「しぐさ」のような情報を重視しており、それが満たされていると、とたんに自然なミーティングだと感じるようになる……ということでした。そもそもは「暑すぎて出社したくない！」という気持ちだけで作ったんですが（笑）、意外なほど有効でした。

すなわち、VR空間に自分の代わりをする「アバター」がいて、アバター同士が顔を合わせ、きちんと身振りや相づちが伴った形で話し

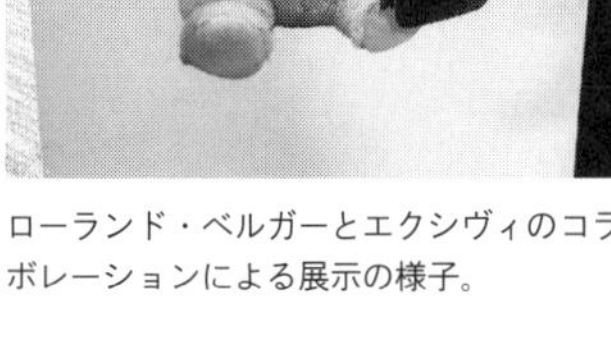

ローランド・ベルガーとエクシヴィのコラボレーションによる展示の様子。

合うことができれば、今のビデオ会議とは比べものにならないくらい価値のあるミーティングができるはずです。この点に注目している企業は多いです。フェイスブックがオキュラスを買収したのも、「コミュニケーションの一部がVRになる」と考えたからでしょう。マイクロソフトも、VRで協調的に仕事をするアプローチに「コラボラティブ（協調的）コンピューティング」と名付け、積極的な技術開発を行っています。

もちろん、移動することがまったくなくなってしまう、ということはないでしょう。VRで実現できることと、実際に会うことの間では情報量に違いがありすぎます。でも、ちょっとした用件であれば、わざわざ移動して会わなくてもこれで十分……過去にも、電子メールが登場したことでかなり変わったと思うんです。いわゆる「郵便」しかなかった時、電話がなかった時にはどんな働き方をしていたのかすら、想像がつきません。

今だと「わざわざそんなこと、電話してこないでメールで済ませて」と思うことがありますよね？　同じように、VRが一般化すると「うわー、昔、電話してたわ」「メールしてたわ」ってことになるかもしれません。

Q VRが当たり前になると、働き方はどう変わりますか？

A 僕らは全員が「秘書」のようなAIを持つことになり、スケジュール調整などはAIに任せてしまうようになるでしょう。

VRによって移動の概念が変わってしまうと、アポイントの取り方ひとつにしても、大きく変わってしまうでしょうね。

こまめに集中して仕事がしやすくなる一方で、他人と情報を共有したり、ミーティングをしたり、といったことも必要です。それと「自分が集中する時間」をいかに共存させるか、ということが、VRでの仕事環境にとって、とても重要なことになるでしょう。今でも、メールやアプリの通知はウザいと感じるものです。VRだともっと邪魔に感じるかもしれません。

ですからもしかすると、僕たちが「直接すべての通知を受けるのではない」世界になる可能性があります。

忙しい人は、スケジュール管理などを担当する「アシスタント」「秘書」「執事」などを雇っていますよね？　ＡＩがその代わりをしてくれるならば、誰もがアシスタントを持てるようになるでしょう。

アポの依頼はまずＡＩアシスタントに通知が行きます。もちろん、自分も相手もＡＩアシスタントを持っていますから、まずはアシスタント同士が調整をすることになるでしょう。そして、その結果、必要なものだけが僕たちに伝わる。「信頼度評価」のようなものがあり、その数値が高くないと会ってくれないかもしれませんよ（笑）。

その第一歩が、いまスマホなどに入っている「音声アシスタント」です。ｉＰｈｏｎｅの「Ｓｉｒｉ」やアンドロイドの「グーグルアシスタント」、そしてアマゾンの「アレクサ」などですね。もちろん、まだまだ技術が未熟で、本物の秘書のようには働いてくれませんが、利用者の個人アシスタントのような存在を目指して開発されているのは間違いありません。

ＶＲだと、そうした存在にアバターがついて、顔を合わせながら対話するかもしれません。でも日常的には、映像を出す必要はなくて、音声だけでも大丈夫なはずです。いつもＡＩアシスタントが控えていて、必要な情報をそっと耳打ちしてくれるんです。これは、先ほど説明した「音によるＡＲ」ですよね。ＡＲグラスのようなものがキモズムを超えて一般化する前には、日常的につけているヘッドホンからＡＩアシスタントの情報が流れてくる、という形になるんじゃないでしょうか。

ＡＩアシスタントに日常生活をフォローしてもらうには、情報をスマホなどのコンピュータに伝えて処理をするために、マイクに加えて「カメラ」も必要になります。ですから、ＡＲグラスだけでなく、ヘッドホンにもカメラがつく時代がやってくるかもしれません。

いろいろな機器にマイクやカメラがつき、日常生活の情報を収集している……というと、「監視社会」「盗聴」というイメージを持たれるかもしれないので、こうした機器は、いかにそういう印象を抱かせないか、安心して使ってもらえるか、ということが重要になります。それこそまさに「キモい」ですよね。

実際のところ、我々の生活はすでに「カメラ」と「マイク」に囲まれています。皆さんが持っているパソコンやスマホには、必ずマイクとカメラがありますよね？　でもそこで「監視されている」と思わないし、実際にそうではない。なぜなら「これは今、私を盗聴しているわけではない」と思っていて、安心して使える状況にあるからです。

うまくそこで、制度と技術とイメージを使って「キモズム超え」する必要があります。

◀空間が変わると「エンタメ」も変わる

Q 自分の方へ世界の方が移動してきてくれると、仕事以外にはどんな影響がありますか？

A レジャーやエンターテインメント、特に「劇場」のあり方は大きく変わるでしょう。

僕たちは「没入するために、特定の場所に移動する」という行動をします。例えば「映画館」というのは、その典型です。移動も面倒くさいし、お金もかかるけれど、映画を没入して見るにはすごく良い環境です。映画という非現実の世界に入り込むためには、映画館という場所に行って「切り替える」ことが重要です。

ディズニーランドも同様です。日常とは違う世界に行くためのコストとして、ディズニーランドまでの旅費とディズニーランドへの入場料を支払っていたわけですよね。でも、それが「どこでも」「いつでも」できるのがVRによる大きな変化です。

VRにはすでに、映画館やホームシアターを再現する機能があります。今の技術でできるものは、色再現性や解像度でリアルなホームシアターに劣るものの、低価格かつ簡単に

「自分専用の映画館」を再現できます。VR用の「ネットフリックス」視聴用アプリだと、いきなり自分の周囲が「暖炉と巨大なスクリーンのある部屋」に変わって、その環境でドラマや映画を楽しむことができます。HMDをかぶるだけで映画館の正面の席のような、大迫力の環境を実現できるので、これはこれでとても大きな価値があります。

VR用のゲームは、短時間で楽しむ、遊園地のアトラクションのような感覚のものが少なくありません。これはまさに「ディズニーランドの代わり」です。また、VRアトラクションを集めたエンターテインメント施設も増えていますよね。新宿にある『VR ZONE SHINJUKU』[*3]が代表格だと思いますが。こうした施設には、VRでなくては実現できないような、広大な仮想空間を活かしたアトラクションが多数あります（口絵⑧）。実際には、ガンダムのような18メートルの巨大ロボットを使ったアトラクションなんて作れませんし、仮に作ったとしたら、広大な土地と巨額の予算と運営費が必要になります。それを最小限の設備と建物で実現し、手軽に非日常の空間を体験できるようにしたのがVRアトラクションなんです。

特にコンサートやライブは、VRで大きく変わる可能性があります。

＊3　2019年3月に閉業。同7月、池袋に後継となる施設『MAZARIA』がオープン

コンサートホールには良い席と悪い席があって、当然良い席は数が少ないので、高い。通常席は5000円だけど、S席1万5000円……みたいに。VR時代にも同じで、「安いけど場所が悪い席」と「ど真ん中ですごくいい場所だけど高い席」が用意できます。違うのは、課金すれば、誰でもいい席に座れること。だってその席を物理的に占有するわけじゃないんですから、何人座っていたっていいわけですよね？　最初は悪い席でスタートするけれど、課金した瞬間にいい席にテレポートする。相撲観戦だったら、お金さえ払えば全員「砂かぶり席」に座れるんですよ。

現実のコンサートに「VR席」を設けて、そこから360度映像などで中継します。それが「良い席」と「そうでもない席」にそれぞれひとつずつ用意されていて、値段に応じて見るもの・体験するものが変わる……という感じになるんじゃないでしょうか。

こうすると、アーティストはすごく儲かりますね。だって、コンサート会場の席数は限られているけれど、「VR席」の席数に限りはないわけですから。200人のライブ会場でこじんまりとやっているのに、VR席には、本当は5万人いる……っていう可能性だってある。

だからといって、「ライブがなくなって、全部仮想空間の中で済む」わけではないです。ライブが持つ情報量はすごく大きいし、実際に体験しないと本当の良さはわからない。人間の神経を全部直接乗っ取れるくらいにならないと、ＶＲとライブの差は埋まりません。だから、ライブは今後も価値を持つし、むしろ価値は上がっていきます。

でも、常に、すべての人がライブに足を運べるわけではありません。行きたいけれど行けない人でも、ライブに「参加できる」ようになるのが、大きな変化だと思います。ＶＲ席があるだけでなく、ＶＲ席の盛り上がりもライブ側に伝えられるといいですね。「ＶＲのみんな、盛り上がってるかー？」みたいに。

コンサートやライブって、とにかく巨大な会場であればいい、というわけではありません。２００人のライブハウスがいいこともあるだろうし、逆に数万人収容の野球場でやる一体感がいい、ということもあります。でも、ビジネスのためには小さな会場でやるのはリスクがありますし、逆に大きな会場を確保できないこともある。そのギャップをＶＲが埋めることもできるのではないでしょうか。

そうなると、ファンは「ライブに足を運べる人」だけじゃなくなります。インターネットを使ってＶＲに接続できればいいわけですから、ファンがもっとグローバルになるかもしれないですね。

ライブの持っている「一緒に盛り上がる」という価値も、ＶＲでは再現可能です。今は単に見ているだけのものが多いのですが、ＶＲ空間は他人と共有できるわけですから、「隣で見ている人が同じようにVRから見ている人」であってもいいわけです。顔の向きや身振り・手振りが伝われば、すごく盛り上がりそうですよね。

面白いのは、その時、実際の「席順」は関係ない、ということです。先ほど説明したように、みんなが最高の「S席」に座っているわけですから。隣の人も本当は同じ「S席」に座っているんだけども、自分から見ると、他の人は周囲の別の席に座っているように見える。そして、それが「盛り上がり」につながるわけです。

これはVRであり、ネットの中にあることですが、現実と同じように明確な「体験」であり、そこにいないと感じられないものです。デジタルのデータでありながらも、単純にはコピーできないものになっている。単純にデジタルコピーができないものこそ、今後は価値を持っていきます。音楽はCDが売れにくくなって儲けられなくなっていき、「ライブの時代だ」と言われるようになっています。そこでVRがやってくることは、一見再びデジタルによって価値が下がる流れに思えるかもしれませんが、むしろ逆で、体験の価値を高める効果を生みます。ですから、音楽は収益構造が変わって、より儲かるビジネスになるかもしれません。

ライブだけじゃなく、映画だって「みんなで見る」のは体験ですよね。今も、ディスクやテレビですでに見たアニメ番組を、「ニコニコ動画」でコメント付きでもう一度見る、という人がいます。コメントがあることで、同じアニメが好きな人たちとみんなで見ているような感覚になるからです。これもまた「体験」です。体験というと「現実」のもので、ネットの中のものは体験ではない……と思われがちですが、そうではありません。その人にとって唯一無二のなにかがあれば、それは「体験」なんですから。劇場で映画やアニメを見るように、VRで一緒に見る、という体験もあり得ます。

今だと「オーディオコメンタリー」がありますが、これ、VRだと、VRの劇場の自分の席の隣に、監督とか声優さんを召喚して見る、っていうのができるかも。VR内の映画館に行ってアニメを観たら、実は隣の席が、その作品の監督さんだ、みたいな。

監督もタレントさんも声優さんも、本人はひとりしかいないわけで、実際の劇場で一緒に見ていただくのは本当に大変なことですが、VRだったら実現の可能性は広がりますよね。コメンタリーのように、いろいろ教えてくれる人が隣にいるって、すごく楽しそうじゃないですか？　別に作品の関係者じゃなくてもよくて、学者や評論家のような専門家の解説を聞きながら映画を見たり、スポーツを見たりするのは、きっと面白いはずです。

そういうことも、VRによって場所の価値が大きく変わることで実現できます。

Q ライブなどの形が変わった時、どんなコンテンツがヒットするのでしょうか？

A ものすごく短いものと、濃くて長いものの両方を作れる人が生き残るでしょう。

娯楽はどんどん「短く濃厚に」なっていくんじゃないか、と予想しています。

例えば、現在の映画は千数百円払って、２時間くらいっていうのがある種、スタンダードです。でも僕はなんか……映画館に２時間いることが辛くなってきています。昔は多分、時間があったから許容できたんです。昭和の時代は掃除機とか洗濯機などの家電が進歩して、本来なら家でやる仕事が減っていきました。つまり、余暇が生まれて娯楽が必要になってきた。要はヒマだと不安になるから(笑)、それを埋めるための新しい娯楽が必要でした。

そこで「２時間」というのは、ある意味で手頃な時間だったんだと思います。サッカーも１試合が１〜２時間、映画も２時間とか。ＣＤも、アルバムにするとだいたい１枚１時間くらいですよね。

現在は、ツイッターなどのＳＮＳが窓口になることが増えました。そうなると、文章で１４０文字、動画だと６秒くらいがちょうどよいんですよ。ぱっと見れる。ニコニコ動画や

YouTubeのリンクが貼ってあると、もう見るのが面倒くさい、と思うことがあります。

これはなぜだろう……と考えると、SNSの時代になり、それに合わせて短い時間で密度の濃い体験が得られるようになり、その尺に合わせた「ダイジェストで得られるもの」の価値が上がったように思えるのです。今や、ヒットするにはSNSで話題になる、すなわち「バズる」ことが重要です。バズるには、短くなくてはいけません。短いものを見て「これはなんだ?」と注意を引きつけ、そこからしっかり、もうひとつの世界を観てもらう。

VRの世界になると、サムネイルから先で見るものが「ライブの再体験」になる可能性があります。例えば、サムネイルに頭を突っ込むと、その向こうはライブの世界になっている、とか。

現在は、動画やウェブなどの中で「どこが多くの人に見られたか」を可視化することができるようになっています。これを「ヒートマップ」といいます。ヒートマップを見れば、みんながどこに興味があるかが一目瞭然です。

だとすれば、映像にしても音楽にしても、多くの人が興味のあるところをまず見られる・聴けるようにする流れが加速するんじゃないか、と思うのです。

そうすると、体験する人の間口が、ばーっと圧倒的に広がります。その結果、おそらくいろいろなものがダイジェスト化し、コンテンツへの最初の接点が「ダイジェスト」になる可能性が高くなります。

ダイジェストを人が全部作っていたらキリがありませんが、今はソフトウェアの力を借りて、自動的にダイジェスト化することもできます。講演動画なども、ＡＩが重要なところ・面白いところを一旦切り出して、６秒で重要なところが見られる。その結果、本当に面白そうだったら全編を見る……という形になるんじゃないでしょうか。

そうやって大量にダイジェストが増えていくと、そこからいかに人気があるか、面白いか、ということをピックアップする場でも、統計やＡＩが活躍するようになります。音楽も、アーティストがいかにＡＩからピックアップされるか……ということが重要になるかもしれません。

すなわち、アーティストにとって重要な能力は、６秒のダイジェストでも、長い全編でも人を引きつけられる能力、ということになるはずです。ある意味で、自分でダイジェストを使ってセルフプロデュースをする力が重要になってくるのです。全員にコピーライター的な能力というか、アイキャッチを作る能力のようなものが求められます。逆にそれができないがゆえに、うまくいかない人も出てくるでしょう。これまでは、そうしたことを編集者のような人々がやっていたのですが、これからは自分でやらなければいけない範囲も増えます。

Q 個人の力をARやVRで活かすコンテンツとして、どんなものが考えられますか？

A 「視界を提供するサービス」が生まれるのではないでしょうか。

これから、世の中はどんどん「レイヤー化」していくと思っています。ARは現実に情報を追加する技術です。これは、別の言い方をすれば、世の中に情報のレイヤーを追加していくようなものです。

ARの世の中では、移動中に気がついたことや感想などがその場所に別のレイヤーの情報として書き込まれるようになるでしょう。現在も「食べログ」のようなサービスでは、いろいろなユーザーが情報をアップしているじゃないですか。それが「視界」の情報を使ってできるようになる。

技術的には、その時自分が見ている・体験しているものをまたさらに別のレイヤーにして、それを会員制のサービスにして売る、ということができるようになるはずなんです。つまり有名人やアイドルが見ている「視界」を買う。その人たちがよく行くお店や好きなお店には落書きしてあるとか。多くの人が興味を惹かれる視界を持つ人、SNSでいうところの

「インフルエンサー」の視界にある情報には、価値が生まれる可能性があるわけです。

そうやって購読したレイヤーには自分が気になった情報も追加できますし、友人とグループを使って語り合うこともできる。

著名人の視界やレイヤーは、その人物がなにを見てきたか、なにに興味を持ってきたかといった情報です。それを自分の視界に重ねるということは、他人の人生の一部を重ねる、ということでもあります。日常的にどんな本を読んでいたのか、どんなものを見たのか、ということが記録されているわけですから。

例えば、ビル・ゲイツやマーク・ザッカーバーグのレイヤーを買ったら、彼らが買った本だけ色がついてると、興味深いと思いませんか。そしてそこから、その本を買ったりして。

今までも、自分の人生を豊かにするためには、伝記や手記などで、人の生き様とかを学んできましたよね。それがより様々な情報で行えるようになります。アイドルや芸能人の情報も面白いですが、作家や尊敬される経営者の知見は、もっと高く取引されるのではないか、と思います。

Q 映像はどうなっていくのでしょうか？

A 受動的なものよりもインタラクティブなものが好まれ、「一緒に過ごす」感覚が重要になります。

先日、エストニアに旅行に行ってきました。その時、『Insta360 ONE（Insta360、2017年）』というカメラで実況中継しながら動いていたんですが、これがすごく面白かった。Insta360 ONEはいわゆる「360度カメラ」と呼ばれるもので、周囲360度すべての映像を記録します。Insta360 ONEには「フリー・キャプチャー」という機能があって、これがすごく革命的なものなんです。

どうすごいかというと、機械を自撮棒につけてずっと録画モードにして歩いていると、後から編集する時、その棒が消え、気になる方向・画角の映像だけを切り出せるんです。つまり、どこを見せたいかを考えて自由に編集できるので、一人でテレビの旅番組みたいなことができる。

今まではディレクターが撮影すべき方向やものを事細かに指示して、カメラマンがそれに合わせてフレームを決めて撮影し、それを編集していたと思うんです。

でもこのカメラの場合「とりあえず周囲を全部撮っておく」と、後から好きに切り出せる。結果、なんとも「情熱大陸感」のある動画ができました。すぐに「ひとり情熱大陸」ができます（笑）。たくさんの人手をかけずに、自分が見てきたものや面白いものを「見栄えの良い形で」伝えることができるようになってきたんです。今でさえここまでできるわけですが、AR・VRの世界になれば、個人に密着したコンテンツをすごく簡単に提供できるようになります。

なんとなく、ジャニーズがずっと、タレントにSNSをやらせなかった理由がわかるんですよ。アイドルは非日常のもの、という時代が長かったので、SNSで日常感が出ちゃうと価値が下がるんですよ。「今からトイレです」みたいなことは、アイドルのファンタジーを破壊しちゃう。彼らはあくまでファンタジーを守りたかったんだろうな、と思います。

でも、今の消費者が求めているのは、SNSを通じた直接交流の部分もあります。究極系はVR時代になって「隣に一緒にいる」みたいなことができる世界です。アイドルが「今からVRで中継します」というと、そこに自分たちもログインする。……例えば、「右・右！」とか言って、みんなが投げ銭したら彼はそこから右に行ってくれるかもしれない（笑）。

これまでのテレビ番組や映画は、きちんと意図があって、最終的に同じ経路を通って同じ結論に至ります。僕はそういう形式のものを「受動的メディア」と呼んでいます。

インターネットが生まれて以降、あらゆるメディアはどんどんインタラクティブで能動的になっていきました。受動的メディアにはもちろん価値があるんですけれど……それに耐えられない世代、自分で情報を取りに行ったりして、能動的に行動する世代が増えていくと思うんですよね。そういう能動的に行動する世代には、シンプルな受動的メディアでは物足りなくなってくる。

だからこそ、アイドルと一緒にどこかへ行って、彼にコメントを送ったり、次にどうするかを一緒に考えたりする方が面白いように思える。最近ＹｏｕＴｕｂｅｒが若い人たちに人気ですが、それは、ＹｏｕＴｕｂｅｒにそういう要素があるからじゃないか、と思うんです。

◀バーチャルYouTuberは未来の先駆け

Q CGキャラクターによる「バーチャルYouTuber現象」はなぜ起きたのでしょうか。

A 「違う見た目のものになりきる」ことが人の心に大きな影響を与えるからです。

2017年後半から、CGキャラクターを人間が操作してYouTuberになる「バーチャルYouTuber（VTuber）」の人気が高まってきています。VTuberという肩書きを最初に名乗ったのは『キズナアイ』ちゃんだと記憶していますが、2018年春には、すでに何百人ものVTuberが活躍しています。

VTuberはCGキャラクターです。「AIで動いています」というキャラ設定のものもありますが、当然のことながら「中の人」が存在します。声を担当する人がいて、身振りを担当する人がいる。時には、表情やしぐさを担当する専門の人がいることもあります。ちょっとした人形劇や二人羽織のようなものです。

見たことがない人からすると、「VTuberといっても、人がCGになっただけでしょ？ CGのキャラクターなら映画やゲームで見慣れているのに、なにが珍しいの？」と思うかもしれません。実際、ＣＧのキャラクターを人がリアルタイムに操作する、というやり方は新しい発想ではありません。１９９０年代からテレビ番組などで使われている、非常に古典的な手法です。僕自身もゲームプログラマー時代に『スーパーギャルデリックアワー』で試みたのは、かわいい美少女キャラクターをＣＧで表現し、ＰＳ２でリアルタイムに動かす、ということでした。２０００年前後には「ＣＧ美少女キャラクター」ブームもありましたし。「かわいいキャラクターを動かしたい」「かわいいキャラクターを見たい」という欲求自体は普遍的なものです。

ところが、そうしたＣＧキャラクターとＶＴｕｂｅｒの間には、やはり圧倒的な差があります。ＶＴｕｂｅｒは非常に生々しくて「そこにいる」感じが強い。ＶＲでいうところの「プレゼンス」があります。

秘密は、ＶＴｕｂｅｒの操作方法にあります。

現在のＶＴｕｂｅｒは、ＶＲでＣＧキャラクターを表現するシステムを応用し、操作に使う場合がほとんどです。体の動きを取り込む簡易的なモーションキャプチャー機器とハンドコントローラーを、ＶＴｕｂｅｒの声を担当する人が身につけて、顔や首の向き、手の動きから生まれる上半身の「身振り手振り」を、ＣＧキャラクターに対して反映します。そうすると、ＶＴｕｂｅｒの声を担当する人の癖や個性がＣＧキャラクターにもあらわれて、人ならぬものに人の血を入れるような効果を生み出し、身体感覚を発生させます。それが、ある種の生々しさや一体感、プレゼンスを生み出しているのです。そのため最近は、VTuberの声や動きを担当する人のことを、「中の人」ではなく「魂」と呼ぶこともあります。

このことは、僕にも多数の実体験があります。

2016年1月頃、僕は「バーチャルキャラクターでのゲーム実況」をやって話題になったことがあります。2015年に『FaceRig』という技術の実験として公開したものです。FaceRigとは、カメラで顔の動きや表情を読み取り、CGキャラクターの動きとして反映するものです。FaceRigを使えば、自分の顔や姿をCGキャラクターに置き換えることができます。2017年秋発売の『iPhoneX（アップル、2017年）』には、顔の表情を読み取ってCG化する『アニ文字』という機能が登場していますが、かなり似たものです。それよりも自由度の高いものが、2015年の段階で、すでに存在していました。

FaceRigがデモで使っているのは、ネコやアライグマのキャラクターで、自分としてもそんなに面白いとは思いませんでした。でも、『Live2D（サイバーノイズ、2006年）』[*4]という技術と組み合わせた時、特別なことが起きました。Live2Dは、平面にイラストとして描かれた絵を、3Dキャラクターのようになめらかにアニメーション化する技術です。これとFaceRigを組み合わせると、自分の姿形が、いきなり美少女キャラクターになってしまったんです。ボイスチェンジャーで女性の声にしてみたり、ゲームコントローラーの操作から逆算し、コントローラーを操作している動きをキャラクターに反映したりと、ちょっとした工夫をしていくことで、画面内にいるのは、自分ではなく完全に「美少女キャラクター」になってしまっていました（口絵⑨）。そして奇妙なことに、それを操作している自分も、「その美少女キャラクターは自分である」という明確な意識が生まれてきます。自分は中年男性なのに、画面上の見かけが美少女だと、動きも「美少女のように振る舞わねばならない」という、謎の義務感のような気持ちも発生しました。実際に実況をしている「GOROman」という人物の上に、美少女キャラのレイヤーが追加されたような、他では体験しづらい感覚になったのです。

また、その様子を、ネットの向こうで画面を通して見ている人々も、もちろん「本当に操作しているのはおっさんだ」とわかっているのに、美少女キャラがゲーム実況をしているような反応をし始めます。

＊4　現・Live2D

もともとFaceRigが使っていたキャラクターはちょっとバタ臭くて、日本人にはアニメキャラの方が親しみやすかった、ということはあるかもしれません。でもきっと、それだけでなにかが起こったわけではなく、アニメキャラクターにおいて、人間が持っている微妙な表情や身振り手振りが重要だったのでしょう。

例えば、手や首の動きは意識してできます。笑う、ということも意識してできるでしょう。でも、同じ笑いでも常に同じではありません。「顔の右の上の筋肉だけちょっと動かしてみて」といって、動かせる人はほとんどいません。そういう不随意な動きが表情には伴っており、それがFaceRigで再現された結果、ある意味で生々しい、CGキャラクターに自分が乗り移ったような感覚が生まれたのではないか、と考えています。

その後もいくつかのVR用ゲームなどで、似た経験がありました。ゲーム内の鏡には、自分とは別の人物が映っています。でも、HMDをかぶり、ハンドコントローラーをつけている自分の感覚としては、鏡に映っているのは紛れもなく「自分」だと思えるのです。

こうした現象は、自分の目に見えている「自分のビジュアル」に、自分の行動を合わせようとするものです。見た目が脳に与える影響はものすごく、VRで他の人になりきった場合、本当に不思議な感覚に襲われます。脳が混乱し、脳の側が、自分の姿が変わっていることを受け入れようとしていくのです。

例えば、ＶＲの中でバットマンになる『バットマン：アーカムＶＲ（ＲｏｃｋＳｔｅａｄｙ Ｓｔｕｄｉｏｓ、２０１６年）』というゲームをプレイしている人は、立ち振る舞いが「バットマンっぽく」なります。猫背だったのが、スーパーヒーローのように胸を張って立つようになったりします。これも、自分が「なりきる」ことによって、体の側に影響を与えている例といえるでしょう。

ＶＲに限らず、人は自分の見た目に大きな影響を受けています。「美容整形をしたら自分に自信がついた」という人もいますし、肉体的な性と内面の性が異なることで葛藤を抱える人もいます。昔から、掲示板やＳＮＳ、ネットワークゲームの中では「違う自分になれる」という言い方がありましたが、ＶＲ技術によって、自分の姿を入れ替え、自分が「他人に見せたい姿」でいられるのであれば、そこには大きな意味と可能性がある、と思うのです。

ＶＴｕｂｅｒは、その可能性を示す現象のひとつです。ＶＴｕｂｅｒは２０１７年末頃から急速に注目を集め始めました。そのきっかけの一人が、通称「バーチャルのじゃロリ狐娘ＹｏｕＴｕｂｅｒおじさん」こと「ねこます」さんです。ねこますさんは、自作のケモノの耳付き美少女キャラクターを使ってＶＴｕｂｅｒ活動をしていますが、正体は普通の男性です。しかもＶＴｕｂｅｒとして活動する時にも、ボイスチェンジャーなどを使って「美少女的」

に演出するのではなく、ご自分の声（すなわち男性の声）そのままやっています。

　美少女からおじさんの声が出る、というギャップに最初は驚くのですが、そのうち見ている人も慣れて、「これでもかわいいからいいか」という気分になってきます。ねこますさんの場合、ご自身の個性によって作られる雰囲気に魅力を感じる、という部分も大きく、「キャラクターの外見とその人が持つ人間性」が合わさって、よりVTuberとして魅力的な存在が生まれている……ということもできます。そんな人間性の部分が、音声だけでなくCGキャラクターの動きとして表現されることで伝わってくるのでしょう。

　支持されているVTuberの方々は、みんな、かわいい外見にプラスして、ある種のギャップを持っています。そのギャップの意外性が人気の秘密ではないかと思うのですが、VTuberというシステムは、そもそもギャップを生み出しやすい特徴を持っており、さらにうまくやっている人々は、そこで「ほどほどに地を出す」ことがうまいのだと思っています。『輝夜月（かぐやるな）』ちゃん、『キズナ

出典：バーチャル狐娘Youtuberおじさん。はじまります。【001】
https://www.youtube.com/watch?v=cqncAh_28Es

アイ』ちゃんといった著名なVTuberは、みんな、外見はかわいいのにどこか親しみやすい、ユーモラスな部分があります。それは、「中の人」が持っている個性がにじみ出ているからでしょう。その混ざり具合もまた、VTuberという現象の面白いところです。

Q VTuber現象の先にはなにがあるのでしょうか。

A 「アバターでコミュニケーションをするのが当たり前」の世界があります。VR空間でのコミュニケーションの基本であり、VR以前からの大きなパラダイム変化です。

考えてみれば、そもそも人間は純粋に「言葉」だけでコミュニケーションをしているわけではありません。対面して話す時は、身振り手振りや表情など、多数の「言語外コミュニケーション」を交えて対話しています。電話よりビデオ会議の方が真意が伝わりやすいものの、直接会うことに比べ劣るのは、そういう「言語外コミュニケーション」のニュアンスが抜け落ちてしまいやすいからではないでしょうか。

実は弊社では『AniCast』というバーチャルキャラクター配信システムを開発し、企業に対して提供しています。その第一弾として『東雲めぐ』というキャラクターを作るプロジェクトに参加しました。東雲めぐは「ＳＨＯＷＲＯＯＭ」というサービスに登場させるために開発したキャラクターです。そもそもＡｎｉＣａｓｔが、東雲めぐをプロデュースするＧｕｇｅｎｋａさんとともに企画提案し、立ち上げたプロジェクトなんですが。

ＳＨＯＷＲＯＯＭは、ホスト役と参加者がリアルタイムに対話できるビジュアルチャットシステムで、これまでは、実際の人物が「ビデオ」で登場するのが基本でした。そこに参加者がメッセージや贈り物をすると、ホスト側にそれがわかってコミュニケーションの元になる……というシステムです。

ＳＨＯＷＲＯＯＭでは、これまでビデオ映像で参加していた人物を、ＶＲ的なアプローチでキャラクターにすることによって実現したのが東雲めぐなのですが、実際に配信してみると、その様子はなかなかに衝撃的でした。

ＳＨＯＷＲＯＯＭはネット上で仮想のコメントや花束などのギフトを送るサービスです。でも、ＣＧキャラクターであり、コンピュータ内の空間にいる東雲めぐには、実際に「３Ｄオブジェクトの花束やメッセージ」として届きます。そのため、めぐちゃんが届いた花束を持ってアピールしたり、メッセージを手に持って読み上げたり……という状況が発生しました。一時は、彼女の前にあった机の上が、ギフトの「だるま」で埋まり、画面の下半分が見えなくなってしまったほどです（口絵⑩）。

現実には「瞬間物質転送機」はありません。手元で「プレゼント」ボタンを押しても、相手に瞬時にプレゼントが届くことはありません。でも、CGならそれができる。チャットエンターテインメントの世界では、ついに「現実の方が不便」という状況が生まれたのです。

そんな風に進んだ初回配信は、1時間ほどで終わりました。SHOWROOMでは、配信が終わると自動的に別の配信者のチャットへと切り替わる仕組みになっています。ですから、めぐちゃんの配信が終わると、別の方の配信が始まりました。次の方はCGではなく生身の人間でした。

その瞬間、僕は思わず「うわ、気持ち悪い」と思ってしまったのです。もちろん、その人の見た目の問題ではありません。脳内が自然に「CGキャラクターを受け入れる」モードになっていたので、生身の人間が出てきたことにビックリしてしまったのです。

これは、自分にとっても驚きでした。自然な動きと話術で対応するCGキャラクターと対峙していると、人間はそのうち、そのことを不自然なものと思わなくなるようです。VTuber現象でも感じていたことですが、めぐちゃんの配信を見て、改めてそのことを思い知らされました。

東雲めぐを支える「Ani・Cast」は、特別な操作をしなくても、自然なしぐさや表情が表現できるよう開発されています。VTuberの中には、顔や腕の動作とは別に「表情担当」の操作者がいる場合もありますが、AniCastで配信しているめぐちゃんの場合、操作はたった一人で行っています。VR空間のキャラクターにおいては「非言語的コミュニケーション」が重要になります。そうした部分をどれだけきちんと開発するかが、システムの価値を決めることになりそうです。

今後、VR空間で仕事やミーティングをする時はアバターが必須になります。アバターの姿で人に会うということは、すなわち「他人に見せたい自分の姿」で会う、ということ。アバターにどんな姿を選ぶかはあなた次第です。自分とは違うアニメキャラのアバターを選んでもいいし、リアルの自分をそのまま模したものでもいい。なにより「他人に見せたい自分の姿」であることが大切です。要は、化粧をして人前に出ることと同じような感覚です。VTuber現象や僕がFaceRigで体験したようなことは、そのうち誰もが体験する、当たり前のことになるでしょう。

フェイスブックはオキュラス向けに「フェイスブック・スペーシーズ」というアプリを開発しました。[*5] これはまさに、VR空間でミーティングをするためのものです。単に顔が出てくるのではなく、自分がアバターとなり、表情や身振り手振りを交えてコミュニケーションができます。そして、ミーティングをする「空間」も、自由に好きな場所を設定できます。

フェイスブック・スペーシーズは、フェイスブックのトップであるマーク・ザッカーバーグの直轄事業として開発が進められています。フェイスブックがオキュラスを買収したのも、こうしたコミュニケーションの形に大きな可能性がある、と判断したからです。

同様の研究は、マイクロソフトやアップルなど、多数のＩＴ企業が行っていると見られています。ＶＲ空間でアバターを使ってコミュニケーションをする技術は、パソコンにおけるウェブの閲覧や、スマホにおけるショートメッセージの閲覧のように、「ＯＳに搭載されるべき基本機能」となっていくでしょう。

そうなった時僕たちは、日常的に、ＶＲ空間の中でアバターとして人に会うことになります。

東雲めぐちゃんの配信が終わった後、人間の配信を見て違和感を覚えたのは、ある意味「服を着ないでいる」ようなことだったのかもしれません。アバターで人に会うことが当たり前になっていくと、「アバターでいないこと」を不自然に思う可能性が出てきます。

でも、そうなることで、人は、生まれ持った姿や性から離れて「自分の好きな姿で人に会う」ことができます。それによって、人はより生きやすい、自由な存在になれるのです。現

＊5　２０１７年４月にベータ版リリース、２０１９年にサービス終了

実に加えて人々は、「自分が選んだアバター」というアイデンティティを持って生活していくことになるのではないでしょうか。

VRは社会をこう変える

第4章では、僕たちの生活に近いところに、VRがどう影響を与えるかを考えてみました。

では、これが社会全体となると、どういう変化につながるのでしょうか。「生活」への変化は、10年以内くらいでやってくる波を予測したものですが、「社会」への変化は、生活への変化よりも大きく、時間がかかるものも少なくありません。しかし、VRが社会に与える大きな変化は、過去にテレビ放送やインターネットが与えたものに勝るとも劣らない影響を生み出し、国や社会のあり方を変えてしまう可能性があります。

VRのある生活は、最終的に人同士の付き合い方を変え、「人の個性とはなにか」を問い直す結果につながります。そうした変化が津波のように社会全体を飲み込み、VRがなかった時代が思い出せないような世界へと、世の中を変えていくでしょう。

SFの世界のような話に思えるかもしれません。でも、僕たちが迎えている「VR」という技術は、そんな世界を拓く可能性を持ったテクノロジーなのです。頭を柔らかくして、「VRが当たり前になった2045年の世界」に、ちょっとお付き合いください。

◀ VRが生み出す新しいビジネス

Q **VRが普及することで、儲からなくなるビジネスはなんですか？逆に、成功するビジネスはなんですか？**

A 航空会社はかなりヤバいかもしれません。

VRでは、「自分の方へ世界の方が移動してきてくれる」ようになります。それで移動がまったく不要になるわけではないですが、今以上に、不必要な長距離の移動はしない、という人が増えるでしょう。単にミーティングをするだけのために、わざわざ出張する人は減っていきます。

とすると、まずヤバいのは航空会社です。航空会社を支えているのは、商用で頻繁に移動する人々です。その数が減ると、航空会社の経営には大きな影響が出てくるでしょう。

おそらく、飛行機での移動のようなものは、今よりももっと二極化していくんじゃないでしょうか。移動するだけでいいので安く乗れれば……というものはみんな使わなくなる。VRで済ませるようになるので。

でも、逆にＶＩＰ層は、あえて空の旅を、高いお金を払って行うかもしれません。行くなら快適に移動して、かつ、必要な時にはＶＲも使う。ＶＩＰの場合、どうしてもその場に行かないといけない、というシーンも多いはずですので。

つまり、一旦「移動」というビジネスがシュリンクする時期があって、一方で移動する人が少数派になるので、逆にバーチャルじゃないものに対しての価値がものすごく上がり、今度は「移動しないといけないこと」に価値が出てきちゃう。第4章でコンサートの話をしましたが、現地にどうしても足を運びたい人もいれば、行けないからＶＲで、という人もいるでしょうし、逆にＶＲで満足できる人もいるはずです。だから、このことには商機とピンチの両方がある、って感じですね。

また、オフィスに行く必要も減り、在宅ワークが増えるようになるので、オフィスビルやそのシステムの提供に関するビジネスも変わってしまうでしょう。これも、単に場所を提供するだけなら、航空会社と同じように衰退していきます。でも、機器の提供を含め、また別の価値を提供できるなら、新しいビジネス価値が生まれるでしょう。

すなわち、ＶＲ化しにくい価値を提供するものの価値は高まるけれど、デジタル化可能であるものの価値は低くなる、ということです。

Q デジタル化して価値が低くなるものと、そうでないものの違いはなんですか？

A 「波」にできる情報はデジタル化できます。そうでないものに価値が出ます。また、実際に五感に訴える部分の「外」に価値があるものは、VRで代替できる可能性があります。

デジタル化できるものと、そうでないものは「波」にできるかどうか、という点で説明できます。視覚情報は光ですから、「波」に変換できる。音も空気の「波」ですから、やはり同様です。極論すれば、「波」はデジタルの数字に置き換えることが可能なので、ある程度コピーできます。

一方で「波」になりにくいものは、そのままでは伝えにくいものです。例えば「匂い」は、空気に拡散する匂いの粒子が鼻に入って感じられるものなので、単純に「波」に変換するのが難しい。味も同様です。同じものを再現するのは難しく、「似たものを感じさせる」ことはできるでしょう。

一方、匂いや味は、視覚情報や知識などでごまかされてしまう部分があります。高級な料理とそうでないものを、目隠ししてどちらか当てる、というクイズがありますが、あれは想像以上に難しい。例えば、安い牛丼を食べていても、視覚を高級店に変えていれば、どこかごまかされてしまうかもしれません。「これはこんな付加価値があるものだから」「ここは高い店だから」という情報が加味されて、より高い価値が生み出されている部分があります。果汁ゼロパーセントのジュースって、果汁がないのにその果物の味だ、と理解していますよね？　同様に、かき氷のシロップも、どれも基本的に同じ味なのに、色と若干の香料によって「イチゴ味」「メロン味」だと思っている。これらって、要はＶＲと同じです。

一方で、その場に行って体を動かすことなどは、現状では工夫しないとＶＲで再現できません。とはいえ、ＶＲの空間内でも体を動かしたり自分で対話したりすれば「体験」になります。両者の差はあいまいですが、その差を生み出せれば大きな価値になるでしょう。

逆にいえば、単に「見に行く」だけでは、ＶＲに負けてしまう可能性があります。現地に行ってもオペラグラスで拡大して見る……というような形なら、ＶＲ内で自由に拡大して見られる方がずっと便利ですから。「現実が不便になる」と、ＶＲの方を人は選ぶようになります。

温泉に入ることは、ＶＲになるとどんな価値になるか、考えてみると面白そうです。

温泉に入る暖かさや匂い、お湯の肌触りなどは、当面、ＶＲでも完全に再現することはできません。でもですよ、「完全防水のＶＲ機器」ができたとして、温泉でないお風呂に「温泉の素」を入れ、さらに視界や音を温泉のものに入れ替えたとしたら、温泉に行ったことに近い感覚は得られますよね。というか、違いを理解しづらいかも。そんな風に「温泉に行った気分」をハックするサービスは生まれてくるかもしれません（笑）。

Q グーグルやアマゾンのような企業は、ＶＲ時代にどうなりますか？

A 両社の仕事は大きく変わっていく可能性があります。アマゾンの本業は「通販」じゃなくなるかも。

アマゾンやグーグルは、好むと好まざるとにかかわらず、我々の生活に大きく影響を与えている企業です。ＶＲの時代にも存在すると思いますが、特にアマゾンは、ビジネスの主軸が今とは大きく変わってしまっている可能性があります。

アマゾンの本業といえば、今は通販ですよね。でも、ＶＲが普及すれば、通販の利用量は減るでしょう。バーチャルで済むものが増えてきたら、モノがいらなくなる。なにかを買って、宅配便で家に届けてもらうものを、そんなに買わなくなるんじゃないか？　という気がします。

そもそもです。VRだったら、相手に直接会うわけではないですから、自分が着るものは無関係ですよね。裸……は極論としても、ジャージだって相手にはわからない。アマゾンやZOZOTOWNではたくさん衣服を売っていますが、そんなに多くのバリエーションを持つ必要はなくなるかもしれません。

むしろ、VRで人に会うことが増えるのであれば、現実の衣服ではなく、VRで使うアバターが着る衣服や装飾の方にお金をかけるかもしれません。アバターの装飾はデジタルデータですからコピー可能ですが、それでも、それを手に入れるためにお金をかける。今のネットワークゲームのアイテムもそうですよね。純粋にデータとしてみればどれも同じものなのに、そこに「これはスーパーレア」といった属性がついていて、実際手に入りづらいので、そこにお金を使っている。この辺は、ネットワークゲームにハマった経験がある人には、よくわかるのではないでしょうか。今は物理的な服でないから価値がない、という風に思う人もいそうですが、実際にはそんなことはありません。

第4章の最後で説明したように、アバターは、自分のアイデンティティを示すものです。衣服や髪型が自分のアイデンティティであるように、アバターがアイデンティティならば、そこにコストをかけるのは当然です。新作の服を買うように、アバター向けの新作アクセサリーを買うのかもしれない。「自分がどう見られたいか」を自分でコーディネイトする時代になるので、衣服と同じように市場が成立しそうです。

だとすると、アマゾンのビジネスはどうなるのか？　おそらくは「クラウドインフラ提供」の事業の比率が、より高くなるのではないか、と予想されます。現在もアマゾンは「アマゾン・ウェブ・サービス（AWS）」というインフラ事業を展開しています。スマホゲームからショッピング、映像配信まで、あらゆるサービスで利用されており、クラウドインフラ事業ではシェアトップです。クラウドの価値はどんどん上がっていくので、AWSへの依存度はさらに高くなっていく可能性があります。

グーグルの本業は、現在も「広告業」です。今は「アドセンス」のように、ネット検索やネット記事の間に入れる広告からの収益が中心ですが、VRになると、VRの空間内にあるものを置き換えて広告価値を出す「プロダクトプレースメント」が増える、と予想しています。例えば、全員が必ず持っているAIアシスタントのキャラクターが飲んでいる「お茶」って、ものすごく大きな広告価値を持っていそうだ、と思いませんか？

こういう話をすると、VR空間内が広告まみれになってウザそう……というイメージを持つかもしれません。でも僕は、VR／AR時代の広告、実はウザくないんじゃないかって思っています。

多くの方が持っている「ネット広告」のイメージは、バナー広告のものではないでしょうか。あれがＶＲ空間になると、空間に大量の看板があふれるイメージで、まさにウザい感じです。

そもそも、ＶＲ時代の広告は、今よりずっと精度が高くなるはずなんです。広告がウザいと感じる理由は、精度が低くて「下手な鉄砲も数撃ちゃ当たる」みたいな状態になっているからです。例えば、僕がテレビを見ている時に女性向けの化粧品のＣＭが流れても、「別にいらないよ」と思うじゃないですか。その点は、今とは常識が完全に変わってしまうと思っています。

Q 広告って、具体的にどうなるんですか？

A もしかすると「先に買っておいてくれる」ようになるかもしれません。

『桃太郎電鉄[*1]（ハドソン、１９８８年）』というゲームには「ボンビー」というお邪魔キャラがいます。要は貧乏神なのですが、ゲーム中、勝手に自分の資産を使って買い物をして、「買っておいたのねーん」と言い放つ、とても迷惑な存在です。やったことがある方なら、どんなのか、よくご存じですよね（笑）。

でも未来のショッピングサービスは、「とても便利で有能なボンビー」になる可能性があります。

アマゾンのようなサービスは、僕たちがどのようなものを好み、どのようなものを買っているのか、というデータを多数持っています。例えば『こち亀』[*2]を198巻まで買ったのであれば、おそらく199巻も買います。だったら、出た瞬間に購入の準備を整えて、「不要ならキャンセルしてください」と提案してもいい。基本のポリシーが「興味があれば買う」になっていて、不要なら「ノー」と言えばいい……というのはどうでしょうか。その方が楽で「おもてなし感」があるように思うのですが。もちろん、無制限に買われると大変なので、「あなたが欲しいと思う本を、月額1万円まで自動でピックアップします」という感じなら、成立するんじゃないか、と思います。今も、衣服や食物を定期的に提供する「サブスクリプション型サービス」が広がっています。その流れがよりいろいろなものへと拡散していく可能性もあるんじゃないでしょうか。

＊1　現・コナミデジタルエンタテインメント

＊2　『こちら葛飾区亀有公園前派出所（集英社）』

ポイントは「いかに人を自堕落にさせるか」。判断のストレスをなくすのがポイントです。

アマゾンは「ダッシュボタン」というサービスを提供していました。洗剤やトイレットペーパー、飲料水など、いつも同じ商品を買うものが、ボタンを押すだけで簡単に注文できるサービスです。現在はボタンだけの販売は終了しましたが、家電機器に組み込まれるようになりました。インクが切れたらプリンターが自動的にインクを注文したり、コーヒーメーカーに「コーヒー豆が切れたので買う」ボタンを搭載する、といった使い方がされています。このサービスのポイントは、「どうせ同じものを買うと決めているならば、選んだり判断したりさせないことが、快適さにつながる」ということ。それが、ユーザーにとっては「楽」であり、メーカーにとっては「固定客の獲得」につながっているので、こうしたサービスが成り立ちます。

結局、人間は「楽」で「ダメ」になりたいんじゃないか、と思うんです。そもそも「楽」を知らなかったらストレスを感じないんですよ。

例えば、掃除機を人類が知らなかったら、おそらくいまだに、ほうきとチリトリで掃除をしているでしょう。洗濯機を知らなかったら、多分洗濯板で洗ってるんですよ。

つまり、今までのやり方よりも脳汁が出るような（笑）便利さを提示されると戻れない。戻れないのは、ストレスを感じるようになるからです。

だから、いかに便利かを体験させて、それがないと不便だ、ということを体感させるのが強い。便利なものが使えない「不便さ」に対しては耐えられなくなります。

店舗でのキャッシュレス決済も、この原則で説明できます。

日本でもSuicaやnanacoのような、ICカードやスマホを使った決済がありますよね。中国ではキャッシュレス決済が急速に進んでいて、スマホから出すQRコードで決済する「AliPay」「WeChat Pay」が普及しています。[*3] 深圳（シンセン）などの進んだ地域であれば、ほぼどんなものでもこれで決済ができて、現金を出す必要がほとんどありません。インフラがスマホ登場後に整備されたこともあり、日本よりも浸透速度はずっと速いです。

「お金を払うことに変わりはない。わざわざ機械を使うのは、設定も面倒くさい」と思う人もいるでしょう。でも、こうした決済に一度慣れてしまうと、現金を数えて出すのがものすごく不便で面倒で、ストレスを感じるようになります。ストレスを感じたくないので、無意識にキャッシュレス決済を使える店でばかり買い物をするようになるんです。結果的に、買い物に使う費用は若干上がっているはずなんですが、それでも「楽」である方がいい。

これはある意味、「スーパーまで行けば安くなるのはわかっているけれど、近所のコンビ

---

*3　日本でも2019年のQRコード決済の普及、消費税増税を機にキャッシュレス決済が拡大している。

ニで買ってしまう」こととまったく同じ現象です。

人は楽になりたい、ダメになりたいんです。そして、ダメになるためには、意外なほどどんどんお金を支払うものなのです。

◀人が「クリエイティブ」になるとはどういうことか

Q AIなどの進歩により、人がやっていた判断を機械がしてくれて「楽」になっていきます。その世界は、本当に幸せなのでしょうか。結果的に機械に支配されているようにも思います。

A そうは思いません。技術の進化によってできた時間や余裕によって、人間はもっと快適でストレスがない生活を送るようになります。結果、我々はもっと「クリエイティブ」になるでしょう。

技術の進化は、人間を、不要な移動や不毛な繰り返し作業から解放してくれます。「ダメになりたい」人間の本性から言えば、そのことは間違いなくプラスですし、そうなると元には戻れません。

じゃあ、繰り返し作業から解放された人間がなにに向かうのかといえば、やはり、なにかを作ること。人間はより「クリエイター」になっていくんだと考えています。ただ「なにかを作る」というのは、絵を描くとか小説を書くとか、そういう大掛かりなことばかりではないんです。

例えば、ツイッターに書き込みをすること。これだって立派な「クリエーション」。動画へのコメントだってやっぱり「クリエーション」です。インターネットの登場以降、我々は日常的に細かなクリエーションを積み重ねるようになっています。写真を撮ったり絵を描いたり、やり方はいろいろだとは思いますが、コミュニティを通して多くの人が、自分が日常的に作ったなにかを発表し続けています。人間により時間ができたら、そういう部分がさらに活性化されるんじゃないでしょうか。

雑誌には必ず「読者投稿ページ」がありましたよね。あれも、読者の側のクリエーションの場であり、作り手と読者のためのコミュニティでした。きっと、ああいう場所がないと雑誌上での読者とのキャッチボールが成立しないんです。インターネットが存在する今は、雑誌のあり方もテレビのあり方も変わり、それにつれて、読者投稿ページ的なものの存在価値も、当然変わっています。SNSってそういう存在です。

きっと人間は、なにかをクリエーションしていないと生きていられないようなところがあるんじゃないでしょうか。人間だけじゃなく、ミノムシだって常に巣作りをしていますよね。きっと動物の本能に、「生きるためには作らねばならない」というなにかが書き込まれているんじゃないか、と思うんですが。

Q VRやAIによる「ヒマな時代」に、新しい創造物やアーティストは誕生しますか？

A もちろん。技術によって可能になった表現により、新しくアーティストとして評価される人はどんどん出てきます。例えば「視界」のアーティストとか。

新しい技術が出てくると、それで初めて可能になる表現が多数誕生します。

例えば、街中を駆け抜ける「パルクール」というスポーツがあります。ああいう行為は忍者の昔から存在したはずなんですが、それを映像化できたから価値が生まれました。特に『GoPro（Woodman Labs、2005年）』のような一人称視点で撮影できる小型で手軽なカメラが登場したことで、みんなが「見たい！」と思える映像を実現することができるようになったので、より価値が高まっていったわけですよね。同じようなことはたくさんあります。世の中にテレビ放送しかなかったら、ヒカキンはあんなに成功しなかった。YouTubeがあったから、そこにいつでもアクセスできるネットワークが普及していたから、彼はYouTuberとして成功できたんです。テクノロジーが世に出てパラダイムが変わった時に、新しいメディアが生まれて、そのメディアの中に新しいヒーローが生まれます。

現在、VTuberの世界には新しいヒーロー・ヒロインが確実に生まれ始めていますよね。これも、YouTubeとVR技術の両方があって生まれた、新しいクリエーションの形です。第4章で「視界を提供するビジネス」の話をしましたが、VRの時代には、視界の伝え方・見せ方を見つけた人が、きっとヒーローになるんでしょうね。

いろいろ考えてみると、これから求められるクリエーションの形は、長いコンテンツではなく、小さなシェアスペースに対して、世の中を様々な形で見せるものになるのかな、と思います。そこでの切り出し方・見せ方には、いろいろなアプローチがあるでしょう。それが新しいテクノロジーの中で生まれてきて、新しいヒーローになる。

パルクールがいい例です。きっと昔からその表現はあったんでしょうが、多くの人に伝える方法がなかったんでしょう。それが、ネットやVRなどの新しい技術によって伝わることで「発見」される、ということとかと。

スマホの登場から10年が経過しましたが、ようやく、スマホに合った表現のコンテンツが出てきたように思います。クリエイターも、スマホに向いた人々が出てきました。YouTuberやインスタグラムで写真をシェアする人々は、スマホに特化したクリエイター、といえますよね。VRもきっと、登場から10年くらいかけて、多様な表現が作られて、そこに最適化したクリエイターが登場していくのではないでしょうか。

Q VR時代の「裏のビジネス」はどんな風になるでしょうか。どんな犯罪がビジネスになりますか?

A 規制されたVRの使い方をかいくぐるものが「裏ビジネス」になるでしょう。バーチャルドラッグのような。

今のVRはまだ解像度も低くて、誰でも「これ映像ですよね?」とどこかで思うものです。しかし、技術的にはどこかのしきい値を超えた時に、現実との境目があいまいになる瞬間があります。スマホでいえば、iPhone4でディスプレイ解像度が上がって「Retinaディスプレイ」になって、「やべえ、これどっちが印刷だっけ?」と思えた瞬間がそうですね。それに近いことが、VRでも必ず起きる。その時には、やばいビジネスもきっと出てきます。

そうすると政府が「こういう用途には使うな」といった「VR規制法」のようなものを出してくるでしょう。そしてそれをぶち破る裏ビジネス、ある種の「アンロック」ビジネスが出てくる可能性があります。規制をかいくぐることが「裏」のビジネスになるかもしれません。

まずは、やばいバーチャルドラッグ的なものが出てくるとは思います。

もちろん、僕はドラッグをやったことがないので、本当のところはわかりませんよ（笑）。でも、今までのドラッグとは違うレベルで快楽を与えるものが出てくれば、当然規制されると思います。

生き物ってみんな、脳内で麻薬を出してるんですよね。現実が辛いとか、見たくないものがある時に、それを緩和する目的で。お酒もある意味でその役割を果たしていると思いますが。

VR時代には視界を書き換えて、見たくないものを見ない、見たいものだけを見る、ということもできます。だから極論すれば、日常がドラッグ状態になり得ますよね。これはやりすぎると社会問題になります。結果、ここまでは現実を消していいがここからはダメ、っていう規制がかかる可能性は高いです。映画『トータル・リコール（トライスター・ピクチャーズ、

1990年)』に出てきた、夢を見せる商売の裏版、という感じなんじゃないでしょうか。

あと、薬とVRの合わせ技はあるかもしれません。VRに入った時の多幸感を高めたり、違和感を減らしたりするために、脳にひとつひとつパッチをあてるように薬を与えていく。結果として、それがヤバい効果をもたらすドラッグと同じ扱いになる……ということですが。

正直なところ、この辺はまだよくわかりません。「なにが悪いか」とか「なにが良いか」ということに対するタガがまだなくて、想像力の世界なので、SFとの境目はあいまいです。

今のように目や耳といったセンサーをだましてVRを実現している間は、そこまで大きな話にはならないかもしれません。でも、脳に直接アクセスする……、まさに「ダイブ」するような技術ができれば、いろいろ問題が出てきます。「現実よりもバーチャルの世界の方が満たされているから戻りたくない」というのは、そうなった時に本当に深刻です。結局、人間は脳みそが気持ち良いと感じたら、そっちにいたいわけで。今もネットゲームにハマる人にはそういう感覚がありますが、実際には、現実の世界に経済活動や社会活動があるから戻らざるを得ない。

センサーをだますレベルを超え、直接アクセスする、究極的にはCPUである脳をだますレベルになるとかなり大変なことになります。着実に進むでしょうが、それが実現されるには、まあ相当の時間がかかります。僕たちが生きている間に、できるんでしょうかね。

その前には必ずなにかの「規制」が生まれると思います。現在のレベルの技術でも、仮にVRによる死亡事故などが出てくると、そこがセンセーショナルに取り上げられて、結果的に見当違いの規制につながる可能性はあります。そうなると様々な悪影響も考えられるので、注意が必要です。

◀学びや人との関係はどう変わる？

Q VR時代の教育はどうなるんでしょうか？

A 一番大きな変化は、教室での「一対多教育」から、限りなく「一対一教育」に変わっていくことです。

今までの教育は、学校に行って教室に入り、先生から学ぶものでした。すなわち「一対多」です。先生がひとりいて、生徒が40人くらいじゃないですか。でもそれはしょうがなかったんです。効率よく教育するには「教室」という箱が必要。なにより、教師の数は簡単に増やせませんから。塾も同じ仕組みですよね。

現在の予備校は箱をなくしつつありますよね。「一対多」の内容でいいなら、ビデオや中継でいい。そうすると多数の講師を抱えるよりも、カリスマ講師だけがいればいい。これがVR時代になると、教科によっては、全員が家庭教師もしくはAIキャラクターの先生に教わることができますよね。すなわち「一対一」になる。

教育が「一対多」でなければならなかったのは、「ある場所に来なければ教育は受けられない」という制約があったからです。場所、すなわち「学校」という概念があって、そこに来ることがすべての前提になっているから「一対多」なんです。

さらに言えば、教師の数を増やさなければいけないからこそ、質の問題も出ます。別に英語得意じゃないし、ネイティブでもない先生が「英語やれ」ってカリキュラムが降ってきて義務化されて教えても、当然いい教育にはなりません。だから、専門の教育を受けた教師が重要です。

今「プログラミング教育」を義務教育の中に組み込む動きがあります。[*4] しかし下手すると、プログラミングにまったく興味のない人が「義務教育だから」という理由で教えることになる。そうすると、本当は面白いはずの教科もどんどんクソゲー化していくと思うんですよね。だって、好きでもない人が、よくわかんないまま教えるわけですから。そういう人が教えたら、圧倒的につまらない授業になる。

それを回避するのが、VR時代の「一対一」です。

そもそも、技術の進化により、覚えなければならない、身につけなければならない知識や能力は大きく変わっていきます。

例えば語学。現在、ソフトウェアによる翻訳の技術は急速に進化しています。文章や会話を他の国の言葉に自動翻訳するのは当たり前になり、精度もどんどん高くなっています。日常的な会話やビジネス文書の大半は、相手の国の言葉を知らなくても、自国語で理解できるようになります。

もちろん当面は、精度の面で人間の翻訳を超えるものではありません。特に、小説やシナリオのような「物語性」「微妙なニュアンス」を翻訳するのは難しいようです。また、会話のニュアンスなどを正しく伝えるには、声やテキストの情報だけでなく、表情やその場の空気感など、より多彩な、五感すべてを使った情報を活かした自動翻訳が必要になります。その技術開発にはまだかなりの時間がかかることでしょう。ですから、他の国の言葉を知っているに越したことはありませんし、語学力の価値はより高いものになります。

しかし、専門性を求めないレベルの語学力、要は「道具として使えればいい」程度であれ

＊4　2020年4月から小学校で必修化

ば、ソフトウェアがカバーしてくれるようになります。そろばんや暗算の能力が、多くの人にとっては電卓や表計算ソフトで代替されていったのと同じことです。

また、ソフトの力を使うことで、より多数の言語に対応することができるようになります。シンプルな会話レベルであれば、たくさんの国を隔てている言葉の壁は、かなり低いものになっていくことでしょう。これは、文化や技術を学ぶ上で、とても大きなことです。

これに限らず、情報の使い方や引き出し方も、ネット前提・VR前提になると大きく変わります。単純な記憶力よりも、必要な情報を見つける力や論理的な思考能力、ウィットに富んだ会話ができる柔軟性のようなものが重要になるのは間違いありません。日常的な「クリエーション」の量はさらに増えるわけですから、そこで必要となる能力や発想が求められます。

だとすればより、過去のようなシンプルな「一対多」の教育ではいけない……という発想になります。

Q VR時代にも差別はありますか?

A なかなかなくならないでしょうが、より「人にやさしく」なれる時代になると期待しています。

第4章の最後に解説したように、VRでは、自分の姿を「アバター」として、好きなものに変えてしまうことができます。VRの中ではあくまでそのアバターが「あなた」です。

また、自分に見えているものを、別のものに置き換えてしまったり、消してしまったりすることもできます。自分がストレスと感じるものを「交換」もしくは「除去」してしまう。

だから極論……、気に入らない上司を別のキャラクターに変えてしまうことだってできる。くまのぬいぐるみが自分に怒っている、と思うと、腹は立たないじゃないですか(笑)。実際の人同士だと角が立つものでも、アバター同士だったらある程度許せてしまうかもしれない。怖い顔のおじさん同士で話すのと、くまのぬいぐるみ対ねこだったら、なんかかわいい感じになってしまう。

そんなに簡単なものではないでしょうが、人の姿形が差別を生み出すのであれば、アバターがそれを解体することで、もう少し、「人にやさしく」なれる世界になるかもしれません。そうなるといい、とは思います。

そんなアバター社会の第一歩が、iPhoneに搭載された「アニ文字」だったり、VTuberだったりするのかもしれませんよ。

◀VRで僕らは「国」から自由になる

Q 国や政治の形は変わる可能性がありますか？

A エストニアが提唱する「電子住民」という概念にヒントがあります。仮想的な「国」が生まれるかもしれません。

先日、エストニアに旅行に行ったんですよ。多くの人にとって、ITのイメージはない国かもしれないですが、でも、すごく面白い、と聞いていたので。VRの将来がどうなるのか、といったことも考えたくて、いろいろと話を聞きにいってきました。

最近、政府の仕事をネットワーク上で展開する「eガバメント」みたいな概念が生まれていますが、エストニアはもっと進んでいて、「エストニア国民以外にも、『電子国民』としての権利を与える」という制度があるんです。

電子国民ってなんだろう？　って感じですよね。エストニアには「e-residency」という制度があって、ネットから「自分がエストニアの電子国民である」という登録ができるんです。正確には、電子国民というより「電子居住者」というのが正確かもしれません。

登録にかかる時間は30分ほど。誰でもウェブから登録できます。最終的にはエストニア大使館に行って「電子居住者カード」を受け取る必要はありますが、手続き自体は簡単です。

元々エストニアは政府・行政へのＩＴの導入が進んでいて、選挙の投票も電子化されています。そこで使われている電子署名システムは、様々な認証に使われているのですが、その応用例のひとつが「電子国民」システムです。

エストニアの電子国民になると、エストニア国民として登記して会社を起こせますし、銀行口座もオンラインで簡単に開設できます。確定申告して税金を納めることもでき、エストニア国民と同じ利便性を、エストニアの国土に住んでいなくても享受できるわけです。

エストニアは人口約１３０万人の比較的小さな国ですが、電子国民を１０００万人まで増やそうと計画しています。国土の広さから考えると、人口を１０００万人にするのは絶対に不可能ですが、電子国民としてなら可能です。なのでエストニアは、同盟国にサーバーを置いて、「電子的な国民と国土」を広げていこうと考えているわけです。

つまり、国境とかはもう古い。

その国の理念に共鳴したり、税制に利点を感じたりする人が集まるようになるでしょう。

これこそ「VR時代の政治」だと思いませんか？

Q VR時代の政治家は、どうなるのでしょうか？

A よりメディアを使ってうまく政治活動をする人が強くなるでしょう。
また、土地との結び付きも弱くなるはずです。
なぜなら、「国」というものの概念が変わってしまうからです。

今の政治家は、特定の地域・国土の中でうまく支持を得られた人が強くなります。選挙のたびに宣伝カーが走り回るのはそのためですよね。

一方で、メディアが変われば、政治家に求められる資質も変わらざるを得ません。例えば、アメリカ第三十七代大統領のリチャード・ニクソンは、とても演説のうまい政治家でした。でも、1960年のジョン・F・ケネディとの大統領選挙に敗れた。候補者討論会がラジオからテレビになったからです。病み上がりで顔色も悪く、汗をかきながら演説するニクソンよりも、若く健康的なケネディの方が視聴者へのアピール力が高く、それが勝敗の分かれ目になった、といわれています。第四十四代大統領のバラク・オバマや現大統領のドナルド・トランプは、SNSの力を最大限に活用することで選挙戦を戦いました。

これからVRの世界になれば、それをうまくメディアとして使う人が支持を得るのは間違いありません。

でもその前に「国」の姿が変わるんじゃないか、と思うんです。仮に、エストニアの「電子国民」のような制度が広がったとすると、国に実際に住んではいない人々からの支持も重要……ということになるんじゃないか、と思っているんです。そうなると、少なくとも「宣伝カーでたくさん名前を言う」ことの価値は劇的に減るでしょう。

Q VR時代になって「国が変わる」ってどういうことですか？

A その国の文化や理念に共感する人が、「自分が属する国」を決めるようになるでしょう。すなわち、「生まれた国」と「自分が属する国」の両方に属するようになるのではないでしょうか。

VRでは、自分が実際にいる場所の概念が希薄になります。活動の多くはネットワークを介して行われるようになるため、行政サービスについては、自分が住む地域のものだけにこだわる必要はなくなる可能性があります。

エストニアの「電子国民」制度が示しているように、国に帰属するということは、その国に住んでいることを示すわけではありません。国の形はもっと自由になるんです。

税を納めるなどの義務を果たしていれば、複数の「バーチャルな国」に属していていいはずです。会社を設立するのに向いた国もあれば、教育や医療の制度が非常に進んだ国もあるでしょう。素晴らしいeラーニングが提供されている国で子供の教育を受けさせたり、医療情報のトラッキングが進んでいて、予防治療が充実しています……という国があったら、そこで医療を受けたりしてもいいでしょう。

人は基本的に、生まれた国やその後に住むことに決めた国に属します。特に日本人の場合には、「たまたまこの国に生まれたから日本国民であることを選んだ」という人がほとんどではないでしょうか。

でも、VRとネットワークの力で自由になれるなら、本来の国籍以外の「バーチャルな国籍」も取得し、複数の国籍を使ってよりよい生活をしてもいいかもしれません。エストニアの「電子国民」は主に起業する人をターゲットとした制度ですが、また別のターゲットを狙った「電子国民」制度が現れ、様々な国が、バーチャルな国民の誘致合戦を繰り広げる……なんて、どうでしょうか。

もちろん、生活する以上は物理的なものが必要になります。実際に病院に行ったりゴミを処理したり、といったことには行政サービスが必須で、そこには当然費用がかかります。社会保障も同様です。ですから、物理的な国に属することが不要になるわけではなく、税も不要、というわけではありません。

仮想的な国で過ごし、そちらに納税することが多い場合にも、「物理行政サービス」には一定の費用がかかり、それは直接の納税でもいいですし、他国から「その国の電子国民が利用した物理行政サービスの利用料」として、実際の居住国に支払われる……という仕組みも成り立つかもしれません。バーチャルな国でも必要で成り立つ「非物理行政サービス」と、実際に動かねばならない「物理行政サービス」に分かれ、それぞれを提供する存在として、国の役割が分かれる、と考えることもできるでしょう。

こういう風に考えると、どうしても次のような疑問が浮かびます。

「国土ってなんなんだろう?」って。

今は、技術的制約が大きくてVRは一般的な生活から切り離された存在です。しかし、VR空間の中で仕事をし、楽しみ、人と交流する未来がやってきた時、自分が属する「空間」は、実際に自分自身がいる場所とイコールではなくなります。世界が自分の方へとやってきてくれるようになるわけですから。すなわち、VRによって「空間」の概念が崩れている中で、空間によって隔てられた場所の概念である「国土」の意味は変わらざるを得ません。

今は「電子国民」といっても、ビジネスや税制上の利点くらいしかイメージできないんじゃないか、と思います。

しかし、VRが進化すれば、教育はオンラインで可能になり、良い学校・良い教育制度が揃った「国」に移動して受けることが可能になります。医療も、実際に治療を受けるには現実の医師との関係が必須ですが、日常的なカウンセリングや健康管理であれば、VRの中で行うことができます。そうした部分に力を入れる地域や医療機関が出てきてもおかしくありません。政治だって、議会や選挙にＶＲを介して、好きな時に好きな場所から参加できるのであれば、今の政治のあり方よりも、自由でわかりやすいものになるかもしれません。少なくとも、参加のモチベーションは高いものになりそうです。具体的なメリットが増えていけば「より価値の高い国の電子国民になる」という発想は、十分にあり得る、と思います。

だとすれば、その人にとって「属する国土」とは、生まれた国や住んでいる国を指すのではなく、自分が属しているＶＲ空間や、自分に行政サービスを提供してくれる仮想の国を含めた存在、ということにならないでしょうか。電子国民制度のように、自分が属したい国をある程度自由に選べるならばなおさらです。

自分が属する国、属したい国を、生まれた国や住んでいる場所とは無関係に選べるようになるとすれば、暮らし方・生き方はずっと自由なものになるはずです。

１３０万人しかいないエストニアに１０００万人の電子国民を集めるということは、こうした世界に通じている現象なのです。

Q 電子国民制度が広がると、どうなりますか？

A 行政サービスや徴税の考え方は大きく変わります。複数の国に属することを前提に、「物理行政サービス」と「バーチャル行政サービス」が分かれるはずです。

自分が属する国・自分が属したい国を選べるようになるなら、「本当はこの国に住んでいるけれど、属するのは別の国」という人が出てくるようになります。

例えばですね……、日本のアニメ文化が好きでたまらないのに、アメリカに住んでいる億万長者がいるとします。すごく誰かを思い出させますが(笑)。彼は、「アメリカ国民でもあるが、電子国民としては日本人にもなりたい」と考えるかもしれません。逆に日本に住んでいる人が、「日本は窮屈でしょうがない。俺の心の国はエストニアだ！」っていう場合だってあり得るわけです。

すなわち、「この国が好きだ」「この国の文化が好きだ」「この国の制度が好きだ」ということが、国を選ぶために重要なものになります。

すでに述べたように、機械翻訳が進化した世界ですから、国を隔てる条件のひとつである「言葉の壁」はより低いものになります。その国の文化が好きだ、ということになれば、容易に飛び越えられるものになっているでしょう。インターネットは国境を越えましたが、言葉や文化の壁があることを教えてくれました。今度は自動翻訳やＶＲによって、もう一度それらの壁を越えていくのです。

だとすると、ここから日本をより元気にするなら、「心は日本人」になりたいと思う人を増やすことが重要だと思います。アニメファンが日本の文化を大切にしたいので「日本の電子国民になる」っていう発想はあっていいです。だって、複数の電子国民になってもいいんですから。で、アニメを見て、そこにお金を落としてくれることが、ある種の税金になったりして（笑）。

真面目な話をすれば、納税するということが、直接的な納税行為だけでなく、その国の文化や製品を購入することも含む行為、と考えることができます。これは、今の「ふるさと納税」の規模を拡大したようなもの、と考えることはできないでしょうか。電子国民はバーチャルな国に納税したり製品の費用を払ったりするけれど、一方でバーチャルな国は、電子国民が実際に住む「物理国」での物理行政サービスに対する対価として、電子国民の数に比例するコストを「物理国」に支払う。そのコストに応じて、国民が実際に住む「物理国側への納税」分に減税が発生すれば、トータルでの帳尻は合います。

物理的な行政サービスの進歩には限界があります。今からいきなりゴミ出しが劇的に快適になったり、安全保障が完全なものになったりはしないでしょう。しかし、物理的なものを伴わない行政サービス、例えば教育や健康保険、年金に徴税といった部分は、多分にソフトウェア的な性質を持っていますから、より進化が容易です。バーチャル国であろうが物理国であろうが、提供は可能です。

Q これからはどんなバーチャルな国が生まれるのですか?

A 価値観を提供できる存在ならば、国になり得ます。すなわち「企業」すら国になる。バーチャル建国ブームが起きるかもしれません。

さらに発想を飛躍させてみましょう。

人が「国民」になるための条件として、国土が無関係だとします。ならば、「国」の側も、国土を持っている必要はない。特定のサービスや製品、思想などを提供する団体は、国に準ずるものを提供できるはずなのです。では、その「国に準ずるバーチャルな存在」になり得るものはなにか？

それは「企業」に他なりません。

例えばです。

今、我々がスマホを選ぶ時には、デザインや機能に対する「ポリシー」や、日常的に使った時に提供される「サービス」を軸に選んでいます。それは、「スマホというプラットフォームの中で暮らす上での基本的な環境」を選んでいるようなもの。プラットフォーム選択とは、住環境の選択のようなところがあり、まさに、帰属する国を選んでいるように見えないでしょうか？　そんな風に見ると、巨大プラットフォーム企業のプレスカンファレンスも、また違った姿に見えてきます。最初に業績の話があって、その後にこれからの方針が発表される。これって「施政方針演説」みたいに見えてきませんか？

国会や地方議会の施政方針演説を聞くのは、そんなに面白いものではありません。大切なのはわかっていますが、そこに劇的な変化がある、と期待できないから……という部分があるように思います。しかし、例えばアップルの発表会は、「自分がこれから使う機器がどうなるのか」が語られるわけで、より面白く、魅力的に感じます。それは当然のことです。人はよりワクワクする、脳内にドーパミンが出てくるような話の方を求めているわけで、自分が日常的に触れる製品やサービス、コンテンツに魅力を感じます。それはもはや、自らが属する「バーチャルな国」のようなもの、といえないでしょうか。

プラットフォーム企業に限らず、ソフトウェアやコンテンツを提供する企業は、バーチャルな国になり得るのではないか、と思うんです。その国の作っているもの、その国が生み出しているもの、その国が持っているポリシーのようなものにシンパシーを持ち、過去の国家とか国境を全部超えて「ファン化」していく。そもそも、バーチャルな国民として、属する国はひとつである必要がないわけですから、もっと「国民」というアイデンティティはカジュアルなものになるでしょう。

こんな風に考えるとなんとなく、未来と企業の国の関係が見えてきませんか？　カリスマ的な指導者がいる国だったら、もうちょっと支援しよう、自分が好きなコンテンツがあるならあの国を応援しよう、みたいな気持ちになるでしょう。

昔からＳＦの世界では「企業が国家の存在を代替する」、企業国家みたいなものが描かれていました。でも、たいていそういうものはディストピアだった。その時の企業国家のイメージはなにから生まれていたかといえば、商社や巨大家電企業、自動車会社のように、「あるものを作ってそれを流通している」企業でした。その傘下には大量の企業が属し、多数の人が働いているので、物理的な国と同じような役割を果たすようになる……という発想です。

でも、今考えた「バーチャルな国」の要件を満たした企業国家が成立しうるとするならば、それは、物理的な流通や企業の系列とは無関係です。その企業を作る人々、例えば創業者やリーダーに対するシンパシーや、そこが作るモノ・商品に対する思い入れみたいなものでつながることになります。バーチャルな国としては、企業の力がこれからどんどん増えるかもしれません。

先ほど、企業のカンファレンスが施政方針演説のように見える、という話をしましたが、企業のイベントも、なんとなく「国民集会」のように思えます。これって、従来の政治・思想よりもカジュアルでキモくない、国と政治の「キモズム超え」だと思いませんか?

現在、企業のイベントはどんどん「1社運営」のものが増えています。以前は、多数の企業が出展する総合展示会の方が盛り上がったのですが、特にIT企業やゲーム、コンテンツのイベントは、1社運営のものが増えました。その企業のコンテンツやサービスに思い入れがある人が集まり、ベクトルが揃っているので、より盛り上がりやすいんです。ファンのコミュニティベースになって開催されるわけですからね。ファンであるということは、ある意味で、過去の「愛国心」に近いところがあるのかもしれません。

ファンのコミュニティは、究極的にいうと「国」です。物理的な国と違い、バーチャルな国への帰属はどれかひとつにこだわるわけではないし、実際に自分の利害・気持ちと一致するものを自由に選べます。帰属を誰かに強制されるわけではない。だから、あんまりキモく感じないんじゃないか、と。

日本の企業がコンテンツやサービスを軸にしたバーチャル国家となり、電子国民という名の「ファン」を多数集めることができれば、それは最終的に、日本という国が元気になった、ということにならないでしょうか。日本国民は1億3000万人からどんどん減っていくけれど、電子国民の数はもっと増えていき、別のバランスになるかもしれません。

これって、ワクワクしてきませんか？

だとするならば、VRと電子国民の制度が定着すれば、世の中には「建国ブーム」が起きるかもしれません。巨大プラットフォーマーは特に有利で、すぐにバーチャルな国になり得ますが、ある種の価値観を消費者と共有できる企業であれば「建国」はできます。ゲームメーカーや出版社だって「建国」できますよね。ファンを味方につけることを、単純なビジネスではなく「建国」と位置づけたらどうでしょうか。

だから僕は、2045年には、たくさんの国がバーチャル世界にあふれ、人は複数の国に属し、自由に国と国の間を渡り歩くようになるのではないか、と思っているんです。VRが「時間と空間」の常識を変えてしまう結果、僕たちの生活基盤である「国」からも、僕たちは自由になれるはずなのです。

ミライの答え合わせ・2020年版

本書の前身である『ミライのつくり方』が出たのは2018年のことです。たった2年前ですが、テクノロジーとビジネスの世界は変化を続けています。

では、2018年の予想からどう変わったのか？　第4章・第5章の内容について、2020年から見た補足説明に加え、「答え合わせ」もやってみたいと思います。基本的なデータの更新は第4章・第5章にも加えた形で記載していますが、ここでは改めて、2年間に起きた変化について解説していきます。

◀ オキュラス・クエストはなにをもたらすか

Q VRのターニングポイントは「2020年」でしたか？

A この予想はおおむね「間違いではなかった」といえます。

・2020年がターニングポイント↓144ページ

2018年当時の発想から考えると、ビジネスの進展が遅かった部分、技術が思った方向に思ったような速度で進化しなかった部分はありました。しかし、「2020年がターニングポイントになる」という予想は、そこまで外れていなかった、と考えてよさそうです。

2019年、フェイスブックは『オキュラス・クエスト』を発売しました（口絵⑪⑫）。PCとの接続を必要とせずに単独で動く「スタンドアローン型」であり（口絵⑬）、ハンドコントローラーにも対応し、自由に身体も動かせる「6DoF」[*1]の機能も備えた、現時点での決定版とも言える製品です。画質や機能面で言えば、PCとの併用を前提とした製品の中に、もっと機能が優れたものが存在します。しかし、オキュラス・クエストは日本円でも約5万円と（比較的）低価格な製品です。アメリカでは量販店などにも並んでいて、どうやら日本でも、2020年には通販以外でも本格的な販売を開始するようです。

オキュラス・クエストが重要な製品である理由は、「ソフトが売れている」ことです。フェイスブックは、2019年9月に開催されたオキュラス関連の年次開発者イベント「オキュラス・コネクト6」で、オキュラス向けのソフトストア「オキュラス・ストア」のスタート以来の売上が、1億ドル（約110億円）を超えたことを発表しました。このうち20パーセントがオキュラス・クエストからの売上です。オキュラス・クエストは2019年5月発売なので、たった4カ月でオキュラス・ストア全体の20パーセントを売り上げた、と

*1　頭の動きに加えて体の前後左右の動きに対応すること

いうことでもあります。事実、音楽ゲームの『Beat Saber（Beat Games、2018年）』など、VR専用ゲームでありながら、200万本以上売り上げるソフトも複数登場するようになってきました（口絵⑭）。ビジネスとしての価値がそれだけ高まってきているのです。

一方、こうした動きは、まだゲームに限ったものです。これはPCの歴史でも同じでしたが、最初は「ゲーム」から始まり、次に「コミュニケーション」の要素が注目され、最後に「ビジネス」。この3要素がすべて揃って、初めて一般的なものになっていくと考えています。どちらにしろ、2020年はそうした変化が見え始める時期です。2019年から始まり、2020年〜2021年にある程度はっきりとした波になっていくのではないでしょうか。

◀ 大手プラットフォーマーの動向と音のAR

Q VRよりARの方が先に普及するのでしょうか？

A ARから普及、で間違いはないでしょう。

「映像を含めたARより音のARが先行する」という予測については、その傾向がより顕著になってきました。

・ARの展望↓147ページ　・音のAR↓153ページ

この辺も、おおむね予想通りです。

映像を軸としたAR機器はいくつか登場していますが、2020年春の段階では、開発者向けのキットに近く、本格的なビジネスの段階にはありません。2018年時点で「現状におけるもっとも理想的なARデバイスは、マイクロソフトのホロレンズ」（148ページ）と記載していますが、その状況にも変化はありません。2019年、後継機である「ホロレンズ2」が登場し、そちらの納入が進み始めているものの、需要を満たせるほど多く生産できていないようです。また、これらは企業向けの高価な機器で、まだ個人市場向けには提供されていない、という点にも変化はありません。

アップルやフェイスブックなど複数の大手プラットフォーマーが、本格的なＡＲ機器の開発を公言しています。しかし、彼らが製品を発売するのはまだ先とみられており、早期の製品が世に出るタイミングでも、今年から２０２３年の間と予想されています。しかもこれらは、完成された個人向け製品というより、開発者向けキットに近い、機能を限定したものでしょう。そういう意味では、いくつかのスタートアップ企業が提供しているものとレベルが変わりません。

大手プラットフォーマーとしては「まだ焦るタイミングではない」と考えているのでしょう。

理由は2つあります。完全なＡＲ用ハードウェアを低価格に作るのは「まだ現状では」難しいこと、そして、ハードウェアの準備よりも、開発者がＡＲアプリを作れる基盤の整備を進めることの方が、優先度が高いと考えているのでしょう。ＡＲは今までと大きく違う世界なので、アプリ開発で必要になる要素も異なります。開発者を支援する基盤ができあがり、アプリが続々登場する環境がないと普及しません。

ハードウェアの高品質化・低価格化には、様々な技術の進化を待つ必要があります。近い将来、スマホ用のプロセッサーを調達すると、その中にはＡＲやＶＲに必要な機能が組み込まれている……という形になるのでは、と予想しています。そうなれば、機器はめちゃめちゃ安くなります。現在のスマホも、低価格で差別化要素の少ないものであれば、クアルコムなどのプロセッサー・メーカーから中核部品を調達し、組み合わせるだけで作れるようになりました。スマホを構成するほとんどの要素を、自分で一から開発する必要はありません。ＡＲ機器などにもそういう時代がやってきて、結果的に低価格化していくでしょう。

しかしその場合にも、アプリ配信のプラットフォームや、アプリ開発を支援する環境が必要です。スマホでも、それらを持つアップルやグーグルが、結果的に市場を支配しています。ＡＲやＶＲでも、そうした構造は変わりません。ですから、大手は「慌てていない」のですし、スタートアップ企業はいち早く開発者向けハードウェアを作り、開発者とそのコミュニティ育成に力を注いでいるのです。

旧151ページにて、映像よりも音のＡＲが先に来る、と予測していますが、これも正しかったといえます。

ソニーやボーズなどのオーディオメーカーだけでなく、アップルやアマゾン、グーグルにマイクロソフトと、大手ＩＴプラットフォーマーが続々とヘッドホン市場に参入し、大きな存在感を示すようになってきました。ヘッドホン以外にも、『Ｂｏｓｅ Ｆｒａｍｅｓ（ボーズ、２０１９年）』や『Ｅｃｈｏ Ｆｒａｍｅｓ（アマゾン、２０１９年）』のように、メガネのツルにスピーカーやマイクの機能を組み込み、スマホと連動して使う製品も登場しています。

これらの製品では、周囲のノイズなどの不要な音を消し、さらに、メッセージの着信やナビゲーションなどを音声で伝えることもできます。実際にはまだＡＲ的な利用は少なく、主に音楽を聴くことに使われているのですが。

日本では、自分の話す声が周りに聞こえるのを気にする人が多いのですが、海外では気にせずカジュアルに利用されています。そのため、日本よりも先にブルートゥースのヘッドセットが普及しました。それと同じような現象でしょう。中国では、スマホで音声認識すらせず、音声を短く録音し、そのままメッセンジャーで送り合う行為も広がっています。「声を発する」ことに対する感覚は、日本とはずいぶん違いますね。

最近は日本でも、ヘッドホンを付けて「しゃべる」ことはそんなに珍しいことではなくなりました。

現在はスマホと連携して使っていますが、今後は、より「スマホを使わずにヘッドホンだけでできること」が増えていくでしょう。

◀ビデオ会議とVR登壇、テレイグジスタンス

Q VRが当たり前になると、働き方はどう変わりますか？

A 会議などでのVR利用は、ようやく始まったところ。「企業がアバターを持つ」世界も、ようやく始まったところです。

・会議の変化↓168ページ
・AIで代替できる仕事↓171ページ
・移動の概念↓165ページ
・航空会社の未来↓203ページ

VRでチャットしたり、人と会ったりすることも十分可能になってきました。ただ、「VRChat」などの先行例がどう使われているかを見ると、現状は「人と会って楽しむ」というエンターテインメントが中心です。まだ、ビジネスのためのミーティングに使われるような例は増えていません。

実際、会議はVRでも普通にできます。マイクロソフトも、ホロレンズのデモなどで積極的にその可能性をアピールしています。

しかし、現実にはデバイスが一般に普及していないので、ビジネスに使われているのは

ぐらいまでは進んできました。さらに働き方としても、ようやく「Slack」などのビジネスチャットが使われるようになってきた……というところ。先進的な企業はずいぶん前から導入していましたが、最近は規模が大きい上場企業でも使われるようになっています。

電話とビデオ会議・VR会議の違いは、「参加していない人を、気軽に呼べる」ことです。物理的な場所に依存しませんし、そもそも複数人で使うことを前提としていますしね。ビジネスチャットで話している時には、「この話には彼が必要だから、彼を呼んで続けよう」という時がありますが、ビデオ会議やVR会議でも同じ事ができます。そうやって、必要な人をカジュアルに「召喚」できるのが強みですね。

最近はビデオ会議のアプリでも、「背景を入れ替える」機能を搭載する例が増えてきました。会社や家の中を人に見せたくないことはけっこうありますからね。この種の機能は、機械学習によって人のシルエットを認識し、シルエット以外を入れ替えたりぼかしたりすることで実現されています。

今後は、こうした機能を高度化し、人の姿を「奥行きがある状態で取り出す」ものが増えるような気がしています。そうすると、実写の人間の姿をVRなどの中に「召喚」しやすくなります。『スター・ウォーズ（20世紀フォックス）』でR2-D2がレイア姫を投影したアレのような感じですね。登壇者の姿を3D化して他の場所に表示する、というデモはマイクロソフトなどがすでに行っています。それがもっとカジュアルにできるようになるといいのですが。

VRのためにアバターを用意するのは、多くの人にとってハードルの高い行為です。ですから、自分の姿を撮影したものを使ってVR空間に入ることから始めるのが、気楽でいいかもしれません。

また、「クラスター」や「VRChat」などのサービスを使い、学会や発表会を行う例も増えていますね。壇上から多数の人に語りかける、「ワン・トゥ・メニィ」型であれば、もうVRでも問題なく実現できます。ただ、多対多が同時にコミュニケーションする「メニィ・トゥ・メニィ」型の実現には、まだまだいくつもの課題があります。なにより、課題自体も明確でなく、検討中な部分があり、解決は簡単ではありません。

実は以前、イベントに「ロボットで登壇」したことがあります。講演会場にロボットを持ち込み、それをアメリカからVRで操作して講演しました。いわゆる「テレイグジスタンス登壇」[*2]ですね。

＊2　ロボットやアバターなど、自分の分身を別の場所に置き、そこで自由に行動すること。

テレイグジスタンス登壇と、映像による「VR登壇」とで、どちらがいいかは難しいところがあります。個人的には、テレイグジスタンス登壇のように、物理的な「モノ」がある方が、来場者の記憶には残りやすいように思います。

テレイグジスタンス登壇の欠点は、とにかく準備が大変なことです。会議室に貸出用のプロジェクターが備えられているように、テレイグジスタンス登壇用のロボットが備え付けられる時代が来ると、すごく楽になるのですが。

そもそも、テレイグジスタンス登壇やVR登壇をするのは「移動が大変だから」です。そこ(現地)にいるロボットやVR用のアバターに乗り移ることができれば楽、という発想ですよね。だとすると、展示会などに参加している人に「乗り移る」ことができても良さそうです。例えば、展示会を視察中の人の肩に乗って移動する、とか。

そもそもです。

アバターで会議に参加する場合、「自分がそこに常時参加していなければいけない」理由って、ないですよね。会議中でも、自分に関係ない話をしている時は聞いていない、ということはありますし。私は会議中に他のことをしたり、「関係あるところに来たら呼んで」といって離席しちゃったりしますが(笑)。時間は有限なので、こういうマルチタスクはエンジニアリング的には正しいのですが、世間的には「失礼」と言われます。

ＶＲ会議の場合、アバターはそこにいるけれど、自分の意識が「完全召喚」されているわけではなくて、自分に向けて声が発せられた時だけ関わる形にできるので、その点は簡単になりますね。例えば、3つの会議に同時に出ることも、ＶＲやビデオ会議なら可能です。

これは私のイメージなのですが……。空中に、会議が球体になって浮いているといいな、と。自分に関係があるところに来たら「ピココ」と呼び出し音が聞こえて、球体に頭を突っ込むと会議に参加できる、という感じで。

そもそも会議も、複雑なことでないならＡＩで代替できますよね。スケジュール調整ならＡＩも会議も必要ない。公開されたスケジュールを確認して調整するＡＰＩがあれば、一瞬で終了します。それを人間がやらなければいけない、今の方が間違っている気がします。

169ページで、「企業は皆アバターを持つようになる」という話をしていますが、これも方向性としては正しかったです。企業のホームページは、今後は単に情報を羅列したものから、アバターを軸にしたものになっていくでしょう。まずは、会社のチャットボットになっていく感じです。日本でもヤマト運輸がＬＩＮＥでボットによる応対・再配達受付を始めていますが、中国では、企業がチャットツール「ＷｅＣｈａｔ」に公式ボットを用意して、顧客とコミュニケーションをするのが当たり前になっています。

おそらく日本の場合、公式アバターはある程度「キャラクター化」すると考えています。

キャラ化して、ある種の感情移入ができた方が、親しみがわきやすいのではないでしょうか。いろいろな施設や店舗の窓口業務もCG化していくでしょう。

ただし、ボットにしても窓口にしても、完全に人がいなくなってしまうのではなく、裏ではAIと人間が同時に働くことになるはずです。多くの処理は定型のものなのでAIで十分行えますが、そうでないことも多数あります。AIでできない部分を人間が行います。担当者がAIか人間かは、シームレスにつながるようになっていくのではないか、と考えています。

203ページで、「VRが普及すると儲からなくなるビジネスは、航空会社だ」という指摘をしました。そういう観点で言えば、ANAが正しい選択をしていますね(笑)。ANAホールディングスは、ロボットを使った「テレイグジスタンス」サービスの実用化を進めています。「newme」という移動できる機能を備えたビデオチャット端末のようなロボットを整備したり、国内外のロボット研究者と提携し、「自分は移動することなく、釣りや山歩きを楽しむ」ためのロボットを実現していたりします。

航空会社は人々を飛行機で移動させることをビジネスにしていますが、そこで飛行機にこだわらず、「人の移動を助けることをビジネスとする会社」という風に定義を変えると、テレイグジステンスもビジネスの範疇に入ってくるわけですね。どういう風に進化させていくのかはわかりませんが、興味深い動きです。

◀身体をあまり動かさないUIが主軸

Q VROSはどんな風に操作するようになるのでしょうか。

A やっぱり、空中で手を動かすような操作にはなりそうもないです。

・VROSの操作→159ページ　・空間パラダイム→162ページ

この辺についての考え方は、今もあんまり変わっていません。身体をあまり動かさないものが求められるだろう、と思います（159ページ）。

2019年12月、オキュラス・クエストのOSがアップデートされて、両手をそのまま認識する「ハンドトラッキング」の機能が付きました。これでさらにいろいろな操作ができるようになりました。実際の操作では『マイノリティ・リポート』ほど派手な操作にはなっていないのですが、やっぱり、長く使うと腕が疲れて、プルプルしてきます。「空間の腕押し」は、鍛えた人じゃないと30分と続きませんよ。

私の予想通り、リアル側にバーチャルなものを出す、という形が増えてきました。例えば、机の上になにかＵＩを出して、そこを触るとか。まあ、腕にＵＩを表示し、腕に指が触る感覚で……というパターンもアリですね。『ホロレンズ２』はそういうＵＩも採用していま す。

あと、音も重要ですね。ＶＲで絵を描く「Ｑｕｉｌｌ」というツールがあるのですが、これで描いた時には、鉛筆で描いたような音がします。だから、空間に描いているのに鉛筆で描いた感覚がするんです。これは、過去に鉛筆で絵や文字を描いた経験から影響を受けているのでしょう。

あと、ＡＲを使ったＵＩとしては「ヘルプ」「情報」も重要です。「これなんだっけ？」って思った時に、情報がそのモノの上に出てほしいんです（１４９ページ）。今はマニュアルを読みながら作業をしているけれど、空間パラダイムの時代は、触れたらヘルプが出てきて教えてくれるでしょう。これ、マイクロソフトがホロレンズの産業用途として準備を進めているものに近いのですが。

そういうことが実現するとなにが起きるのか？

まず、「テプラだらけ」から解放されます。いろんな機器にテプラが貼られまくっている理由は、ユーザーにとって「それがなにを意味しているのかわからない」からです。だから、プロダクトデザインにも影響が出ている。デザイナーがかっこいいものを作っても、わかりにくかったらテプラだらけ。「出す」「押す」「お湯」などの漢字2文字にはかなわない。でも、ARで説明を出せるなら変わります。過去に作られ、今はわかりにくくなった機器の操作を説明するのにも使えそうです。個人的には、料理の時に使いたいです。「弱火」と言われても、どのくらいつまみを回しておけばいいか、わからないじゃないですか。そういうのをわかりやすく見せてほしいです。

◀VTuberは人間よりお金がかかる

Q バーチャルYouTuber現象は結局どうなったのでしょうか？

A 生身のYouTuberよりお金がかかるようになり、曲がり角を迎えつつあります。

・バーチャルYouTuber現象→188ページ

バーチャルYouTuber（VTuber）は大きな話題になりましたが、一方で、そのことによって課題を抱えるようになりました。簡単に言えば、生身のＹｏｕＴｕｂｅｒよりお金がかかるようになってしまったために収益性が圧迫され、歪みが出てきたのです。

ＶＴｕｂｅｒは、外から見ているとひとりのキャラクターに見えます。しかし多くの場合、その裏にはたくさんの黒子がいて、大勢の人の努力の集合体でもあります。キャラクターを作った人がいて、それを演じている人がいるわけですが、それだけではありません。演じる「中の人」も、「声」を演じる人と「動き・モーション」を演じる人がいます。さらに、表情は別の人が担当する場合もありますし、ディレクションやプロデュース担当もいます。最近は、ＶＴｕｂｅｒを抱える企業がスタジオを作り、高価なモーションキャプチャー技術を導入する例も増えてきています（１８９ページ）。

たくさんの人をかけ、高度なモーションキャプチャー技術を使えば、表現の幅も精度も上がります。でもそれは、ゲームのＣＧを作るのと同じことですよね。ＶＴｕｂｅｒは外側からは「ひとり」に見えていて、すべてのキャラクターでそんなにたくさんのお金を稼げるわけではありません。スタッフはたくさん必要で技術や制作にもコストをかけないといけない、ということになると、より高い収益性を求められることになるのですが、これはそう簡単なことではありません。

そもそもＶＴｕｂｅｒは、ＹｏｕＴｕｂｅｒの「外側がＣＧキャラクターに変わるだけ」という想定でした（188ページ）。個人でもできるし、そもそも、そこまで大きなコストをかけなければいけない、という話でもありません。コストをかけると収益性を圧迫してしまうのは目に見えていました。僕はこれを予見していたので、VTuberではランニングコストを最小限のものにしないといけない、という発想を持っていました。

しかし、現在はそうではない。なぜか、高いコストがかかるゲームと同じ世界に戻ってきてしまっています。

そうなったのは、企業側がVTuber事業に投資を受けてしまったからです。投資を受けると、それをどこかに使わなくてはいけなくなる。結果として、投資を受けたからスタジオを構えないといけない……という方向性に行ってしまいました。

VTuberでお金がかかるのは、キャラクターデザインとCGモデルの制作、そしてモーションキャプチャーのためのスタジオの維持です。いわゆる「中の人」にはそこまでお金がかかりません。企業的には、お金がかかる部分をいかに維持するか、という発想になりがちです。

しかし、VTuberを応援している人々は、話している「中の人」のパーソナリティ、ある意味で「魂側」を応援している部分があります（190ページ）。しかし、魂側は隠れていて、表に出てこない。ギャランティやキャリア形成など「中の人」の処遇についての問題のように、隠れているがゆえのトラブルも見えるようになってきました。同じようにキャラクターに声を当てる仕事でも、アニメの声優とはその辺が違います。

◀ 便利さに慣れた人間は元に戻れない

Q これまでの答え合わせに加えて、未来についてもひとつお聞きしたいです。新型コロナウィルスによる移動自粛は、VRやARにどんな影響があるのでしょうか？

A 今回の騒動で人々の価値観が変わり始めるでしょう。

2020年4月に、日本で緊急事態宣言が発動されました。諸外国でも、外出自粛や都市のロックダウンが続き、「外出は可能な限り避ける」ことが求められています。会社もリモートワークを基本として、私も現在は、よほどの用事がない限り会社には出てきていません。まあ私の場合、もともと出社せず仕事することもありましたが。

やってみると、完全リモートワークはまだ不便なところもあります。特に弊社のように、新しいソフトが生み出す手触り感・手探り感が重要なところだと、周囲の人に「作ってみたからちょっと試して」と気軽に声をかけられないのが辛いです。そうやって試してもらい、反応を見ながら作っていくものなので。特にＶＲの場合、試すには機材が必要になります。ＶＲ空間にオフィスを作り、その中にＶＲ機器を置いて開発すれば、できるかもしれません。そのためには、ＯＳにＶＲ空間を扱う機能が必要になるでしょう。

社外とのコミュニケーションはチャットが中心になります。素早いのですが、ニュアンスが伝わらず、殺伐とした感じになりがちではあります。ビデオ会議でもいいんですが、別に常に顔が出ている必要はないですよね。感情を伝えたい時は「ボタン」で伝えてもいい、と思うのですが。チャットでもおかしい時に「ＷＷＷＷ」とか書きますよね？　そうして足りない部分をカバーしようとしているわけです。ＶＴｕｂｅｒの場合、今でも表情はボタン操作だったりします。感情を離散化し、喜怒哀楽に分けて操作しているわけですよね。特定のコマンドを入れると大笑い、とかできるといいかもしれません。格闘ゲームみたいに(笑)。

これまで、ビデオ会議やチャットを使った「リモートワーク」も、公演などのネットワーク配信も、そこまで使われていませんでした。しかし、今回多くの人が体験したことで、状況は大きく変わるでしょう。

「便利は麻薬だ」という言葉があります。満員電車に揉まれていた人も、リモートワークで仕事ができる、と知ってしまったわけです。その便利さと満員電車のストレスを天秤にかけたら、もう戻れないですよ。今まで何十年かけても変わらなかったことが、無理矢理1カ月の間「満員電車に乗らない生活」をしたおかげで「別の働き方がある」「楽になるためのツールがある」と気づいたんですから。多くの人々が、少しずつ変わっていくことでしょう。

PCを日常的に使っている人にとっては以前から当たり前であったことが、ようやく多くの人々にとっても「当たり前」になっていくのです。これまではいくら言ってもリモートワーク自体に対応してもらえなかった部分があります。馬車しか知らない人に自動車を勧めている感じでしょうか。デジタルとネットワークの良さを伝えるのは、そのくらい難しいことです。でも、今回否応なくですが、使い始めました。バーチャルライブについても、これまでの特別なものという扱いが変わって来ています。現在、大打撃を被っているエンターテインメント業界にとって、代替手段になり得ます。良くも悪くも、今回の騒動で業界側の

本書の執筆に関わる最終作業はビデオ会議で行われた。いつかこれが「AR会議」に変わる日がやってくる

意識も変わるでしょう。

この先にはさらなる進化が待っています。数年後に、アップルやフェイスブックのような企業が本格的ＡＲグラスを作ったら、ビデオ会議じゃなくＡＲで「そこにいないはずの本人が現れて会議をする」ようになるでしょう。それが当たり前になれば、「あの頃はビデオ会議なんてものを使っていたね」という風に、笑い合うようになるのかもしれません。

おわりに　VRの無くなる日……

今まさにこの文章は映画「レディ・プレイヤー1」の関係者試写会を見てきた直後に書いています。「レディ・プレイヤー1」はスティーブン・スピルバーグ監督によるVRをテーマにした映画です。その世界はこの本のタイトルにもある2045年の近未来。誰もがVR機器やHMDを持ち、好きな時に体に装着し、リアルとバーチャルの世界を交互に行き来する物語です。この映画の原作小説『ReadyPlayerOne』は著者であるアーネスト・クラインのサインとTシャツとともに、僕がオキュラス社に入社した時に社員全員に配られました。

2011年。オキュラス創業者であるパルマー・ラッキーはスキーのゴーグルを改造し、ダクトテープでぐるぐる巻きのVRプロトタイプデバイスを生み出しました。その後クラウドファンディングのサービスを使って開発キットを世に放ちました。僕はこれはまるでスティーブ・ジョブズとスティーブ・ウォズニアックがApple Iをガレージでつくり、Apple IIを出荷したときのような世界に近いと思っています。二人のスティーブはパーソナルなコンピュータ（いまでいうパソコン）を生み出し、瞬く間に世界を変えてしまいました。パルマーはパーソナルなバーチャルリアリティ（パーソナルVR）を生み出したといっていいでしょう。オキュラス・リフトの「リフト」という単語には狭間や裂け目というような意味があります。リアルとバーチャルの裂け目を生み出したデバイス。僕はいまその隙間にいます。未来を作るタイミングなのです。

パーソナル・コンピュータの父としても知られるアラン・ケイの言葉に

「未来を予測する最善の方法は、それを発明することだ」

というものがあります。僕は未来を作るのに必要なのはビジョンを持ち、熱意（パッション）を持って失敗を繰り返してもチャレンジし、行動することそのものだと思います。今の日本は少子高齢化や年金問題など未来になればなるほど負担が増えるような暗いビジョンが蔓延しているように思えます。未来にワクワクできずに生きる希望も見失い、ただひたすらストレスフルな満員電車に揺られ、ルーチンワークを繰り返すような日々……。僕の会社である株式会社エクシヴィ（XVI Inc.）の企業理念は「すべての人々をストレスフリーに」というものです。技術を用いて一人でも多くの方をストレスフリーに、そして未来を楽しくしていきたいという気持ちも込めて考えたものです。

個人的につくったMikulusからはじまったVROS構想。僕はいま、その名前を変えてもっと大きく、そして世界中の人がワクワクする生活ができるようなVRサービスの立ち上げを行っています。応援してくれる方も歓迎です。

最後に、この本のテーマである「ミライのつくり方」それは、

・前例がないものにチャレンジし、自ら開拓し突き進む行動

そのものです。この本を読んでいただき、少しでも明るいビジョンを持ってVRやAR技術とともに歩み、ミライを皆さんと作っていけたらそれ以上の幸福は僕にとってありません。VRはミライのワクワクを、プレビューやプレ体験することができる技術です。

最後まで読んでいただき、ありがとうございました。

「VRなんてそのうちすぐ消えてなくなるよ」
「だって使うのが当たり前になるからさ」

感想やフィードバックは、Twitter @GOROman などにいただけると嬉しいです。

改訂版のためのあとがき　VRで広がる世界

このあとがきを書いている、まさに今、日本では緊急事態宣言が発動され、外出を控えるように要請され、多くの企業がテレワークや休業を余儀なくされています。自分自身もこの1カ月ほど出社していません。しかしながら、インターネットのおかげで仕事のほとんどはチャットやビデオ会議でこなし、コミュニケーションが取れている状態です。これがもしネット環境がなかったら……と思うとゾッとします。今やネット環境は水道・ガス・電気・電話のようなインフラになりつつあります。賃貸で部屋を借りたら、プロバイダと契約しネット環境もすぐに申し込む人は多いでしょう。自分がVRの可能性を信じたのは今のネットが完全にインフラになり、空気のように誰にでも存在するものになった時に、次の新しいインフラとなると確信したからです。

テレワークと言えばここでひとつ思い出したのが「テレ（tele）」という言葉です。「テレ」は日本語で「遠隔」という意味です。歴史を紐解いてみてもこの「テレ」という言葉がついた技術は人々の生活を大きく変えてきました。例えば「電話」はテレ - フォーンで遠隔で会話を可能にした技術、「テレビ」はテレ - ビジョンで遠隔で映像を送る技術です。つまり視聴覚を伝送してきました。

個人的にもこの「テレ」については強い関心を持って以前から取り組んできました。クマのぬいぐるみに乗り移り、VRで遠隔で会議に参加してみたり、プリメイドAIというダンスロボットを改造してVRヘッドセットをつけて、アメリカから日本のUnite Tokyoというイベントに「遠隔ロボット登壇」したり、ドローンやDJIのRoboMaster S1という教育用ロボットをVR内から遠隔操縦してみたりと、何気ない遊びのプロジェクトでしたが、今思えばこの2020年から始まる世界線を予期していたのかもしれません。（この辺の個人プロジェクト活動はツイッターに投稿してきました。）

世界は次のテレ時代に突入しつつあります。

次の「テレ」は家にいながら世界へワープするテレ‐ポーテーションでしょうか。テレポーテーションと聞くと漫画やSFのようですが、VR技術を使えばテレポーテーションのような体験も可能になるでしょう。実際、今人気のVRChatでは日常的に行われています。VRを使った人類のソーシャル・テレポーテーション時代はすぐそこかもしれません。

最後まで読んでいただきありがとうございました。それでは一緒にポジティブなミライを思い描いてつくっていきましょう！

謝辞

まずはじめに、オキュラス・リフトを生み出してくれたパルマー・ラッキーに感謝します。あなたのおかげで僕の人生は180度変わったと思います。
「初音ミク」を生み出してくれたクリプトン・フューチャー・メディア様、クリエイターの皆様に感謝します。初音ミクがMikulusや多くのコンテンツの原動力となりました。また、素晴らしいモデルを作ってくださったTdaさんに感謝します。そして、凹さんやNoraさんの力がなければMikulusはできていませんでした。MikuMikuAkushuでは、西村大（Dai）さん、プロノハーツの藤森社長をはじめ、皆さんには大変お世話になりました。

オキュラス・ジャパン立ち上げメンバーで共に楽しさと苦労を分かち合ってきた池田さん、井口さんに感謝します。池田さんのビジネス力、井口さんの英語力、分析力で本当に助かりました。デニス、あゆみさん、りぼんさんもありがとう。

また、一緒にOcuFesを立ち上げた桜花一門こと高橋さんに感謝します。あの一通のDMが世界を変えました。また野生の男こと渡部さん、ゆーじさん、瀬川佳久さん、藤原さん、OcuFes立ち上げメンバーの皆さんとJapan VR Festの皆さん、石原先生、JackMasaki、emunoki、シミズ／VR草の者、河童星人、VoxelKei、ヨコイ

／VR草の者、いつもありがとうございます。代表の安藤さんはじめ、ハシラスメンバーの皆さんもありがとうございます。XVIオフィスでプロトタイプが生まれたことを誇りに思います。PANORAさん、MoguraVRさんもいつもありがとうございます。

漫画を描いてくれるまいてぃさん、おきゅたん、いつも楽しませてもらってます。

DCAJの須藤さんがいなければ、MikuMikuAkushuの展示もなく、この数多くの出会いやそれこそAniCastも存在しませんでした。いつもDC EXPOでVRレポートをしてくれた唐揚げ声優いくちょんこと有野いくさんにも感謝します。

VRCの藤井先生、稲見先生、八谷さん、落合陽一先生、ほか多くの理事の皆さんのおかげでアワードをいただきました。

また、オキュラス・ジャパン立ち上げの際には、Unityの大前さんには多大なる相談に乗っていただき感謝します。絵作りでは小林さんのアドバイスに感謝します。UTJの皆さんにはUniteにもいつも登壇させていただきありがとうございます。EpicGamesの川崎さん、岡田さんにはUnreal Festでの講演の場をいただきお世話になりました。シモダさんにも大変感謝です。

またダークサイドで貢献してくれている大鶴さん、天壌さんにも今後を期待しています。

吉田修平さんはじめとするSIEの皆さん、ありがとうございます。PSVRも盛り上げていきましょう。

機材をいつもサポートしてくれるツクモの駒形さん、ありがとうございます。HTC西川さん、いつもありがとうございます。

徳島マチアソビでは、MyDearestの岸上くん、講談社の松下さん、集英社の武田さん、ありがとうございました。

僕の3Dスキャンをしてくれたsuper Scan Studioさん、ありがとうございます。アバターの未来が見えました。

SVRのカール、ナナ、ブルース、ソヘイルにも感謝します。深シン圳センツアーを企画してくれた高須さん、アニーもありがとう。

THETAの企画では福岡俊弘さん、松崎さんにも多大なるご支援をいただきました。こんなめちゃくちゃな自分についてきてくれているXVIメンバー弘津、五十嵐、古澤、橋本、室橋、藤原、荒木、狩野、藤井、吉高、そして辞めていった皆さんもありがとう。

星海社の太田さん、築地さん、ギリギリになってしまいすみませんでした。そして自分の思考を引き出し、素晴らしい原稿を作ってくれた西田宗千佳さん。

本当にここに書ききれないくらい、多くの皆さんにお世話になりました。今後ともVRの発展にお力をお貸しいただけるとありがたいです。

著者プロフィール

GOROman（ごろまん）
2010年株式会社エクシヴィを立ち上げ現在も代表取締役社長を務める。
2012年コンシューマー用VRの先駆けOculus Rift DK1に出会い、パソコンやインターネットが生活の中に溶け込んだように、VR技術も生活を豊かなものに変え、無くてはならない存在になると確信。日本にVRを広めるために2014年～2016年Oculus Japan Teamを立ち上げ、Oculus VR社の親会社であるFacebook Japan株式会社で国内のVRの普及に務める。個人でも〝GOROman〟として、VRコンテンツの開発、VRの普及活動を広く行う。2018年VRアニメ制作ツールAniCastを発表。

編集担当プロフィール

西田宗千佳（にしだ・むねちか）
1971年福井県生まれ。フリージャーナリスト。
得意ジャンルは、パソコン・デジタルAV・家電、そしてネットワーク関連など「電気かデータが流れるもの全般」。取材・解説記事を中心に、主要新聞・ウェブ媒体などに寄稿する他、年数冊のペースで書籍も執筆。テレビ番組の監修なども手がける。主な著書に「デジタルトランスフォーメーションで何が起きるのか・『スマホネイティブ』以後のテック戦略」「ネットフリックスの時代」(講談社)「ポケモンGOは終わらない」（朝日新聞出版)、「ソニー復興の劇薬」（KADOKAWA)、「iPad VS. キンドル 日本を巻き込む電子書籍戦争の舞台裏」（エンターブレイン）などがある。

装丁　大岡喜直（next door design）
本文デザイン　相京厚史（next door design）
DTP　BUCH+

ミライをつくろう！
VR（ブイアール）で紡ぐバーチャル創世記

2020年6月24日　初版第1刷発行

著者　GOROman
発行人　佐々木 幹夫
発行所　株式会社 翔泳社（https://www.shoeisha.co.jp）
印刷・製本　凸版印刷 株式会社

本書へのお問い合わせについては、iiページに記載の内容をお読みください。
落丁・乱丁はお取り替えいたします。03-5362-3705 までご連絡ください。

ISBN978-4-7981-6596-7　Printed in Japan